木村彰利

大都市近郊地域流通市場の機能強化

筑波書房

大都市近郊地域流通市場の機能強化　目次

序章　本書の課題と構成 ··· *1*
　第1節　青果物流通における地域流通市場 ······ *1*
　第2節　都市近郊における青果物流通の変容 ······ *2*
　第3節　本書の課題 ······ *7*
　第4節　本書の構成 ······ *9*

第1章　園芸生産地域の地域流通市場における機能強化 ················ *13*
　第1節　はじめに ······ *13*
　第2節　静岡県東部地域と調査対象市場の概要 ······ *14*
　第3節　市場の集荷概要と機能強化 ······ *21*
　第4節　市場の分荷概要と機能強化 ······ *29*
　第5節　市場の移転・再整備による機能強化 ······ *38*
　第6節　小　括 ······ *46*

第2章　都市近郊の地域流通市場における機能強化 ······················ *53*
　第1節　はじめに ······ *53*
　第2節　神奈川県湘南地域等と調査対象卸売業者の概要 ······ *54*
　第3節　卸売業者の集荷概要と機能強化 ······ *62*
　第4節　卸売業者の分荷概要と機能強化 ······ *73*
　第5節　市場ブランドの確立に向けた取り組み ······ *84*
　第6節　市場施設の更新による機能強化 ······ *88*
　第7節　小　括 ······ *92*

第 3 章　大都市に立地する地域流通市場等における機能強化 …………… *99*
　第 1 節　はじめに …… *99*
　第 2 節　東京都多摩地域等と調査対象卸売業者の概要 …… *101*
　第 3 節　卸売業者の集荷概要と機能強化 …… *111*
　第 4 節　卸売業者の分荷概要と機能強化 …… *118*
　第 5 節　大規模地方卸売市場の市場施設更新 …… *125*
　第 6 節　小　括 …… *132*

終章　地域流通市場の機能強化と存在意義 ……………………………………… *137*
　第 1 節　地域流通市場の現状 …… *137*
　第 2 節　地域流通市場の機能強化 …… *141*
　第 3 節　地域流通市場の存在意義 …… *144*

　あとがき …… *147*

序章

本書の課題と構成

第1節　青果物流通における地域流通市場

　わが国の青果物流通を特徴付ける卸売市場制度は、1923年の中央卸売市場法の制定によって創設されたものである。その後、同法に基づく中央卸売市場は、戦前段階では主として大都市を中心に設置されたが、戦後、特に1960年代から70年代の間に地方都市を含む全国の主要都市に設置されたことによって、現在に至る青果物流通の枠組みが形成されている。また、1971年には卸売市場法の制定によって、当時存在していた青果問屋や市場類似行為を行う「野市」等が新たに地方卸売市場として制度化され、市場制度の枠組みに組み込まれることになった。その結果、1985年の段階における青果物の卸売市場経由率は85.2％[1]、うち野菜は87.4％、果実は81.4％となっているように、青果物の大部分が市場経由で消費者等に供給されることになった。また、同年における青果物地方卸売市場の卸売業者数は783社であり、青果物取扱量に占める地方卸売市場のシェアは44.1％[2]、うち野菜は41.9％、果実では41.3％となっているように、市場流通において地方卸売市場は重要な位置付けを占めるに至っている。

　しかし、その後の市場経由率は経年的に減少傾向で推移し、2015年には青果物全体の57.5％[3]にまで低下している。このうち、野菜については67.4％と比較的高く維持されているが、果実では39.4％と4割を下回るに至っている。また、地方卸売市場の経由率については青果物全体で26.7％[4]、うち野菜は30.8％、果実が19.2％であることから、地方卸売市場は1985年当時より

1

数値を落としながらも、現在の青果物流通において一定の役割を果たしているといえよう。

　このように、わが国の青果物流通において卸売市場は経由率を下げながらも基幹的流通機構として機能しており、園芸生産地域と消費地とを結ぶうえで重要な役割を果たすものということができる。しかし、中央卸売市場法が制定されて100年近くが経過するとともに、卸売市場法の制定からも50年近くが経過するなかで市場流通を取り巻く環境は大きく変化し、このため多くの問題を抱えているのが現状である。そして、地方卸売市場のなかでも本書の分析対象となるような都市近郊に立地し、地場産青果物の集分荷拠点として機能する地域流通市場においては、後述するように問題の発現がとりわけ顕著である。なお、本書でいうところの「地域流通市場」とは、中央卸売市場と地方卸売市場とを問わず「園芸生産地域内またはその近郊に立地し、市場周辺地域で生産された地場産青果物を比較的多く集荷するとともに、主として市場周辺地域への分荷を行う市場」を意味している。このため青果物を扱う地方卸売市場の多くは、地域流通市場の概念に含まれるものである。

第2節　都市近郊における青果物流通の変容

（1）産地サイドの変容

　青果物の卸売市場流通、特に都市近郊の地域流通市場を取り巻く近年の変容動向について確認すると、概略は以下のとおりとなる。

　まず、全体的な産地サイドの変化から確認するならば、わが国の農業生産者、なかでも卸売市場と関係の深い園芸生産の担い手は高齢化の進行が顕著であるとともに、それを理由とするリタイヤも増加しつつある。その一方で、農業法人や株式会社等といった法人経営体の設立による農業参入も進みつつあるが、全体的な傾向として生産は縮小傾向にあることは間違いのないところであろう。

　これを都市近郊の園芸産地に限定して確認するならば、都市のスプロール

的な拡大に伴う生産の縮小に加えて、園芸産品の都市周辺に特徴的な集出荷形態に基づく課題も指摘できる。具体的には、都市近郊の園芸産地は消費地に近いという立地環境もあって生産者自身による市場等への個人出荷が盛んであり、その一方で農協や任意出荷組合による共販は低調であるという特徴がある。このため、収穫後に選別・調製を行ったうえで農協等の集荷所に搬入した時点で生産者段階の出荷作業が完了する共販と異なって、個人出荷の場合にはさらに出荷者自身の手による市場までの輸送・搬入が求められるため、出荷者の作業及び労力負担はより大きいことは明らかである。このため共販率が低い都市近郊の園芸産地では、高齢化した生産者の労力負担の問題から将来的な生産・出荷の継続には課題が大きいことが想定される。同時に、都市近郊における地価水準の高さに加えて労働集約的な生産が行われる園芸生産においては、1経営体当たりの規模拡大に制約が大きいこともあって農地の賃貸借は進み難い[5]と考えられ、近い将来、生産の空洞化が懸念されるところである。

　また、1990年代以降に展開された総合農協における広域合併の進展とそれに伴う出荷先の集約化は、都市部の大規模市場に出荷が集中するという結果をもたらしただけでなく、中小規模市場においては集荷力が弱体化した一因となっている。そして、都市近郊に立地する地域流通市場の多くは取扱規模的に決して大きなものではないと考えられ、農協合併の進展に伴って、これら市場の集荷力は経年的に弱体化しながら現在に至っていると想定される。

　さらに、園芸生産地域であるとともに消費地でもある都市近郊地域は、農産物直売所や量販店のインショップ等にとって仕入・販売ともに行いやすい立地環境にあることも手伝って、2000年代以降は多数の直売所が設置されただけでなく、地域内にある量販店においても生産者の直売コーナーが拡充される傾向にある。このことは、地域流通市場と農産物直売所等とは生産者からの集荷を巡って競合する関係[6]となることを意味しており、市場の集荷力をさらに弱体化させる一因となっている。

　以上、都市近郊の地域流通市場における集荷を巡る変容動向について確認

してきたが、これを総括するならば、都市化の進展に伴い園芸生産が弱体化していくなかにおいて、都市近郊市場の集荷基盤は大きく損なわれる方向で推移してきたことは明らかであろう。このような状況下において、卸売市場が地場産青果物の集分荷拠点となって地域流通を存続させるだけでなく、市場が県外産等を含む青果物の供給拠点としても機能していくためには、高齢化した個人出荷者に対するケアに留まらず、出荷者の経営形態や規模を踏まえた集荷に関する各種機能の強化に向けた取り組みの展開を通じて、市場の集荷力向上を図っていくことが求められよう。

（2）消費地サイドの変容

次に、青果物流通における都市近郊を含む消費地サイドの変容動向について確認すると、最初に一般小売店の絶対数及び小売市場におけるシェアの縮小があげられる。このことは、単に小売市場における量販店のシェア拡大に留まらず、従来からの総合スーパーや食品スーパーに加えて、近年はドラッグストアやコンビニエンスストアも青果物の小売市場に参入するなど、量販店というカテゴリー内における店舗形態の多様化が同時に進展していることを意味している。一方、スーパーマーケット自体においても一部の大規模スーパーが既存のローカルスーパー等を吸収合併することによって、さらなる規模拡大を遂げつつある。また、その出店地域も都市近郊に留まらず、ショッピングモール等の設置を伴いながら農村部にまで店舗を展開することを通じて、青果物を含む食料品の小売市場は構造的に変容しつつあるといえよう。そして、都市近郊や農村部への大規模量販店の進出はローカルスーパーの商圏を圧迫するだけでなく、これらスーパーを販売先とする地域流通市場を含む中小規模市場の販路を縮小させる可能性が高いことを意味している。

その一方で、大手を含む量販店にとって店舗周辺地域で生産された高鮮度の地場産青果物は魅力的な商材であると考えられ、その調達先として地域内の生産者を出荷者として確保する地域流通市場が利用されている[7]と想定される。このことから、地域流通市場が将来的に販路を確保・拡大していく

序章　本書の課題と構成

には、量販店への販売力強化につながる分荷面の各種機能を強化していくことが重要であろう。

(3) 卸売市場の変容

　最後に卸売市場における変容動向について確認したい。最初に市場制度の視点からみるならば、中央卸売市場の地方卸売市場への転換[8]があげられる。このような動きは2004年の卸売市場法改正を踏まえたものであるが、その背景には中央卸売市場における取扱額の減少や開設者の財政事情の悪化等が存在している。そして、2006年4月における釧路市中央卸売市場及び大分市中央卸売市場の地方卸売市場化を嚆矢として、地方都市や都市近郊の中央卸売市場を対象とする地方卸売市場への転換が進展している。同じく、公設地方卸売市場についても市場会計の赤字等が一因となって、民設市場への転換[9]が行われつつある。このような卸売市場に関する中央から地方、公設から民営という動きを踏まえるならば、経年的に民設地方卸売市場の重要性は高まりつつあるということができる。そして、都市周辺の地域流通市場には民設地方卸売市場が多いと考えられることから、これら市場の健全な発展が求められるところであろう。

　さらに、2020年6月に施行される改正卸売市場法では、これまで原則的に禁止とされてきた卸売業者の第三者販売や仲卸業者の直荷引き、さらには商物一致などの市場原則が、施行後は各市場の必要に応じて独自に設定できるように変更されるため、より弾力化された制度になると想定される。このことは卸売市場間の関係だけに留まらず、生鮮食料品流通を巡る各流通主体間の競争関係がより厳しくなることを意味しており、このようななかで地域流通市場が存続していくためには、各市場の強みを活かすことに加えて、集分荷に係る各種機能の強化を図っていくことが必要となっている。

　ここで、近年の地域流通市場がかかえる施設面での問題についても確認しておきたい。これまで卸売市場の施設整備に関しては、中央卸売市場の場合は国の中央卸売市場整備計画に基づいて計画的に行われており、地方卸売市

場についても都道府県が作成する卸売市場整備計画に従って整備が行われてきた。そして、地方卸売市場のなかでも公設市場については開設者の補助を受けて計画的に施設整備が行われる傾向にあるが、民設市場に関しては行政の積極的な関与がない[10]まま自己資金で行わざるを得ないケースも多く、卸売業者の経営環境が厳しくなりつつある状況下では充分に手が回らないのが実際のところであろう。前述のように、卸売市場法によって地方卸売市場が制度化されてから半世紀近い時間が経過しているが、この間、市場施設の抜本的な更新を行えずに老朽化した施設を使い続ける市場が多いのも実際のところである。このため、都市近郊に限らず民設地方卸売市場が将来的に地域流通市場として存続し続けるためには、市場施設の更新や整備のあり方についても検討をしていくことが必要であろう。

これまで都市近郊の青果物流通に関する環境変化について確認してきたが、以下では上記を踏まえて、都市近郊における地域流通市場の必要性について考えたい。まず、都市近郊の園芸生産については都市化の進行に合わせる形で経年的に縮小させながらも、都市中心部と比較するならば比較的継続されてきたということができよう。この点と、都市近郊における出荷形態の特徴として個人出荷のウェイトが高い点を踏まえるならば、同地域の卸売市場は地域の農業生産者の出荷拠点として、高い必要性が存在していると考えられる。

次に卸売市場からの分荷についてみるならば、都市近郊は経年的に都市化が進展しつつある地域でもあることから、定住人口の増加に伴って地域内の消費需要も増大する傾向にある。このため地域内の卸売市場には、地場産品だけでなく県外産品も含めた青果物の供給拠点としての役割が求められていると考えられる。特に、高鮮度の地場産野菜は拠点市場等から調達することが難しく、地産地消という観点からも都市近郊の卸売市場の必要性は高まりつつあることが想定される。

以上をまとめると、都市近郊の卸売市場には地域内の生産者の出荷拠点としての必要性に加えて、市場周辺地域の消費需要に対する青果物の供給拠点

という2重の存在意義が存在していると想定される。

第3節　本書の課題

　前節では、都市近郊の地域流通市場を中心に青果物の卸売市場流通における変容動向について確認してきたが、本節ではそれを踏まえて本書における検討課題について整理したい。既にみたように厳しい状況に置かれている都市近郊の地域流通市場であるが、青果物流通におけるその重要性を踏まえるならば、これら市場の長期的な存続と将来的な活力維持のための取り組みは、喫緊の課題となっていることは明らかである。そして、そのためには①市場における地場産青果物を含む集荷機能の向上を図ることが求められるとともに、②市場が量販店への販売力を強化していくために要求される、主として分荷に係る各種機能の高度化が不可欠であろう。

　ここで、卸売市場を介した地域流通に関する主要な先行研究について確認すると、藤島・山本（1993）、藤田（2000）、藤田（2005）、内藤（2007）等があげられる。そして、これら研究では市場における通いコンテナの活用[11]や巡回集荷についての分析もなされている。しかし、市場の集分荷に係る機能強化に重点を置いた研究は決して多くはなく、さらなる研究成果の蓄積が望まれるところである。特に、藤田（2005）においては「近在に産地を擁する中小規模卸売市場の役割と機能がクローズアップ」され、なおかつスーパーが個店仕入れを拡充していることから「近在に地場産地を擁し、かつ一定の集散機能を有する中小規模卸売市場の活躍の場が広がった」点が指摘されており、内藤（2007）においてもスーパーの側に「各店舗への効果的な商品納入の実現のために、卸売市場の数量調整・物流機能を有効に活用」したいとの意向が存在すると指摘されているように、都市近郊の地域流通市場の重要性は増しつつあると考えられる。

　一方、卸売市場の機能強化に関する研究としては、中央卸売市場の仲卸業者について分析を行った木村（1997）がある。しかし、都市近郊の中小規模

市場における青果物の流通実態、及びそれを踏まえた市場機能に関する分析は近年において比較的手薄であり、その実態把握に加えて、卸売業者が今後、量販店等への販路を開拓・拡大していくうえで求められる諸機能に関する検証は決して十分ではなかったといえよう。

以上を踏まえて本書を通じた課題について確認するならば、本書は行政機関や青果物の流通主体、さらには農業団体や園芸生産の担い手等が、都市周辺の地域流通市場を中心とする卸売市場について、その機能強化や活性化について検討を行ううえでの知見とすることを目的として、以下について明らかにすることを課題とする。第1に、流通環境の変化を踏まえた都市近郊の地域流通市場における集分荷の現状を把握する。第2に、これら地域流通市場において展開されている集分荷や量販店対応に関する各種機能の向上に向けた取り組み内容を明確化する。さらに第3として、地方卸売市場の移転や市場施設の更新の実態、及びそれによって強化された市場機能について明らかにするの3点である。

そして、上記目的を達成するため、本書においてはわが国の代表的な都市圏として位置付けられる首都圏[12]とそれに隣接する園芸生産地域を事例地として取り上げ、同地域内に立地する地方卸売市場で集分荷活動を行う卸売業者について検討することにしたい。具体的な検討対象地域について確認するならば、都市化の程度が比較的緩やかな地域、言い換えると東京都区部を基点として遠いものから順に、①首都圏の西側に隣接する静岡県東部地域、②首都圏の外縁部にあたる神奈川県湘南地域等、さらに③東京都内では比較的園芸生産が継続されている東京都多摩地域等の3地域を事例地としたい。なお、これら地域の卸売業者を事例とする検討結果は、全国の都市近郊地域に共通してみられる傾向として一般化することが可能であると考えている。

最後に、本書をわが国の青果物研究史[13]のなかに位置付けるならば、1990年代後半における大阪府内の地方卸売市場について分析を行った藤田（2000）の系譜につながるものと考えている。ただし、同氏の研究対象地域と首都圏とは青果物の生産・流通環境が異なるだけでなく、同研究から20年

序章　本書の課題と構成

近くが経過するなかで都市近郊の青果物流通を取り巻く状況にも大きな変化が生じていることから、これらの変化を踏まえながら都市近郊の地域流通市場の機能強化について検討を行うことが、本書の目的の一つでもある。

第4節　本書の構成

　本章の最後として本書の構成について確認するならば、概略は以下のとおりとなる。
　第1章においては静岡県東部地域を事例地に設定し、同地域内にある地方卸売市場の卸売業者を対象に、各市場の集分荷実態及び市場の移転再整備による市場機能の強化について検討を行いたい。ここで静岡県東部地域の位置付けについて確認すると、同地域は首都圏である神奈川県の西側に隣接しているだけでなく、東海道線や東海道新幹線の存在もあって首都圏への通勤が可能であり、このため都市化の進展も進みつつある地域ということができる。それと同時に、静岡県東部地域のなかでも北部にあたる旧駿河国では多品目にわたる野菜生産が展開されており、南部に位置する旧伊豆国においても温暖な気候を活かして柑橘類を中心とする果樹生産が行われているように、同地域は総じて園芸生産が盛んな地域となっている。以上から、静岡県東部地域は都市の近郊地域ではあるものの、比較的園芸生産が行われている地域ということができる。
　第2章においては神奈川県湘南地域及び同地域隣接市を対象地域として選定し、同地域等内の地方卸売市場の卸売業者を事例に、これら業者の集分荷実態及び市場施設の更新による市場機能の強化、さらには卸売業者による市場ブランドの確立を通じた市場活性化について検討を行うこととする。湘南地域等の位置付けについては、同地域等は静岡県東部地域の東側に位置しているが首都圏である神奈川県に属するだけでなく、一大都市である横浜市の西側に隣接する地域でもあることから、首都圏のベッドタウンとしてより都市化が進展した地域ということができる。このように都市化が進む一方で、

神奈川県湘南地域等は大都市近郊の農業生産地域として、野菜類を中心とする園芸生産が広範に展開されている地域でもある。以上をまとめると、同地域等は静岡県東部地域と比較すれば都市化の進展はより顕著であるが、その立地環境を活かした園芸生産も盛んな地域ということができる。

最後の第3章においては東京都多摩地域及び練馬区を事例地とし、同地域等内に立地する地方卸売市場の卸売業者を対象に、その集分荷実態を明らかにするとともに、卸売業者による量販店対応力を向上させるための機能強化について検討を行いたい。それと併せて、本書でいうところの地域流通市場の概念からは逸脱するが、中央を含む卸売市場の市場整備に関する一知見とするため、大規模民設地方卸売市場における市場施設更新とそれに伴う機能強化についても検討を行いたい。ここで多摩地域等について確認すると、同地域は東京都区部の東側に位置しているが、都市近郊というより「東京」という一大都市のなかにおいて、それを構成する一地域とみるべきものである。しかし、同地域等はかつて東京都区部等に後背する近郊園芸生産地域であっただけでなく、現在においても野菜類を中心とする園芸生産が継続されている。以上から東京都多摩地域等の位置付けについてまとめるならば、同地域は大都市の一部ではあるものの、現在に至るまで園芸生産が継続された地域ということができよう。

注
1）『平成8年版卸売市場データ集』による。
2）『平成8年版卸売市場データ集』により推計。
3）『平成29年度卸売市場データ集』による。
4）『平成29年度卸売市場データ集』により推計。
5）本書第2章で検討したKG社によれば、神奈川県秦野市周辺では高齢化した生産者の農地を貸し出したいという要望は多いものの、現状では借り手が見つからない状況にあるとのことであった。
6）生産者が卸売市場に出荷する場合、個人出荷であっても卸売業者からは一定のロットや継続的な出荷、場合によっては卸売業者が定めた規格による選別が要求されるのに対し、農産物直売所ならば数量や継続性、規格等に関する制約が少ないことから高齢化した小規模生産者でも出荷し易く、このことが

直売所の取扱拡大の一因となっている。
7）坂爪・高梨子（2016）においても、量販店は地場産青果物を調達する場合、店舗所在地に近い卸売市場を利用する傾向にあることが指摘されている。
8）本書の検討対象にも第2章のKA社が入場する市場のように、かつては中央卸売市場であったものが公設地方卸売市場に転換した事例が含まれている。
9）本書の検討対象中にも第1章のSC社や第2章のKA社が入場する市場のように、かつては公設地方卸売市場であったものが民営化した事例が含まれている。
10）著者が千葉県等の卸売市場整備計画作成のための基礎調査等に関わった経験によるならば、民設地方卸売市場に関しては整備計画のなかで積極的な対策が盛り込まれることなく、「存置」とするにとどめられる場合が多かった。
11）青果物流通におけるコンテナの活用については、櫻井（2013）においても実証的な分析が行われている。
12）首都圏整備法における「首都圏」は、関東地方に山梨県を加えた1都7県と定義されていることから、本書においても同定義を準用している。
13）わが国における青果物の卸売市場流通や地場・地域流通に関する研究動向については、木村（2010）及び木村（2015）の序章を参照されたい。

参考文献

木村彰利（1997）「青果物仲卸業者の階層構造と機能変化―大阪市中央卸売市場本場を事例として―」『農業市場研究』6（1）：33-42。
木村彰利（2010）『大都市近郊の青果物流通』筑波書房。
木村彰利（2015）『変容する青果物産地集荷市場』筑波書房。
坂爪浩史・高梨子文恵（2016）「Supermarket Chain Expansion in the Chugoku-Shikoku Region and their Procurement System for Fruit and Vegetables」『農業市場研究』24（4）：22-31。
櫻井清一（2013）「野菜流通におけるコンテナ利用の現段階―多段階の流通システムを横断した普及に向けて―」『野菜情報』Vol.110：30-36。
内藤重之（2007）「フードビジネスにおける地域流通の実態と課題」『農業市場研究』16（2）：26-33。
藤田武弘（2000）『地場流通と卸売市場』農林統計協会。
藤田武弘（2005）「地域農業の維持・存続と卸売市場に求められる役割」『農業市場研究』14（2）：26-33。
藤島廣二・山本勝成編（1993）『小規模野菜産地のための地域流通システム』富民協会。

第 1 章

園芸生産地域の地域流通市場における機能強化

第 1 節　はじめに

　近年におけるわが国の青果物生産及び流通を取り巻く環境についてみるならば、生産面では卸売市場の出荷者である生産者の高齢化やリタイヤが進行するとともに、流通に関しても大規模なチェーンスーパーが店舗を展開する一方で、比較的規模の小さな一般小売店や中小スーパーが減少する傾向にある。そしてこのような傾向は、周辺に園芸産地を擁するとともに消費人口の集積が比較的進展した都市近郊に立地する卸売市場、換言すれば市場周辺地域で生産された青果物を比較的多く集荷し、同じく地域内の消費需要に供給する傾向の強い「地域流通市場」においては、市場の存立そのものに関わる問題となっている。

　その一方で、このような市場は市場周辺生産者の出荷先という観点だけでなく、地域住民に新鮮な地場産青果物を供給するという意味でも重要な機能を担っていることから、市場の維持存続が喫緊の課題となっていることは明白であろう。そして、実際の流通現場では市場の存続を図るため、市場機能の強化を通じた出荷者や量販店等の利便性向上に向けた取り組みの展開が想定されるところである。

　このため、本章においては静岡県東部地域を事例地として、同地域内にある 6 つの地方卸売市場の卸売業者を対象に、2015 年 7 月から 9 月にかけて実施したヒアリング調査の結果に基づいて、青果物の流通環境が変容する状況下における地方卸売市場の集分荷実態と機能強化に向けた取り組みについて

把握するとともに、このような取り組みの意義について明らかにすることを課題とする。併せて、市場の移転再整備によってもたらされた機能向上についても検討を行いたい。

第2節　静岡県東部地域と調査対象市場の概要

(1) 静岡県東部地域の概要

　本章で検討する卸売業者が所在する静岡県東部地域は、静岡県の3つの地域区分[1]の一つであり、そのうち最も東側に位置している。具体的には表1-1及び図1-1にあるように、旧駿河国の東側に該当する5市と駿東郡(3町)に加えて、旧伊豆国にあたる6市と田方郡(1町)及び賀茂郡(5町)が含まれている。このように同地域には11市9町が含まれていることに加えて、地域内を東海道新幹線や東海道線が通ることによって首都圏への通勤圏でもあることから人口も124万人に及ぶなど、そこに消費需要の集積が確認できる。しかし、24万8,966haの総土地面積における人口密度は501人/km^{2}に過ぎず、同面積には山林も含まれていることから単純に比較はできないが、次章以降で検討する神奈川県湘南地域等の2,765人/km^2(表2-1)や東京都多摩地域等の3,593人/km^2(表3-1)と比較するならば、その密度の低さは明らかである。なお、東部地域の人口及び人口密度は比較的平坦地の多い旧駿河国と比べて、山林や傾斜地の多い旧伊豆国で低くなる傾向にある。

　耕地面積については同地域全体で1万7,252ha、経営耕地総面積では9,473haとなっているが、これらについても旧駿河国に偏在している。このため、総土地面積に占める経営耕地総面積の構成比は東部地域全体で3.8%となっているが、旧駿河国は5.1%であるのに対し、旧伊豆国では2.4%と低い傾向にある。経営耕地総面積に占める地目別の構成比について確認すると、東部地域全体では田40.1%、畑17.2%、樹園地28.6%となっており、これを旧駿河国と旧伊豆国とで比較しても明確な傾向の差は確認できない。しかし、郡市ごとにみるならばその傾向は大きく異なっており、例えば御殿場市や駿

第1章 園芸生産地域の地域流通市場における機能強化

表1-1 静岡県東部地域の人口及び耕地面積等（2015年）

単位：千人、人、人/km²、千ha、ha、%

	総人口	人口密度	総土地面積	耕地面積	経営耕地総面積 計	田	畑	樹園地	総土地面積	耕地面積	経営耕地総面積 計	田	畑	樹園地
全国	128,226	339	37,797	4,496	3,451	1,947	1,316	188	100.0	11.9	9.1	56.4	29.3	5.5
静岡県	3,786,106	487	777,742	67,900	42,001	15,972	7,800	18,229	100.0	8.7	5.4	38.0	11.5	43.4
東部地域	1,246,224	501	248,966	17,252	9,473	3,799	2,970	2,707	100.0	6.9	3.8	40.1	17.2	28.6
旧駿河国	832,454	628	132,519	11,573	6,733	2,631	1,967	2,138	100.0	8.7	5.1	39.1	17.0	31.8
富士市	257,697	1,052	24,495	2,580	1,577	416	266	895	100.0	10.5	6.4	26.4	10.3	56.8
富士宮市	135,034	347	38,908	3,170	1,597	377	981	240	100.0	8.1	4.1	23.6	30.9	15.0
沼津市	202,612	1,084	18,696	2,130	1,431	305	189	937	100.0	11.4	7.7	21.3	8.9	65.5
御殿場市	89,231	458	19,490	1,910	1,181	949	210	23	100.0	9.8	6.1	80.4	11.0	1.9
裾野市	53,275	386	13,812	867	307	116	172	20	100.0	6.3	2.2	37.8	19.8	6.5
駿東郡	94,605	553	17,118	916	640	468	149	23	100.0	5.4	3.7	73.1	16.3	3.6
清水町	32,575	3,698	881	97	51	38	12	1	100.0	11.0	5.8	74.5	12.4	2.0
長泉町	42,464	1,595	2,663	241	145	35	94	16	100.0	9.0	5.4	24.1	39.0	11.0
小山町	19,566	144	13,574	578	444	395	43	6	100.0	4.3	3.3	89.0	7.4	1.4
旧伊豆国	413,770	355	116,447	5,679	2,740	1,168	1,003	569	100.0	4.9	2.4	42.6	17.7	20.8
三島市	111,912	1,804	6,202	839	584	216	336	31	100.0	13.5	9.4	37.0	40.0	5.3
熱海市	38,442	622	6,178	197	60	－	7	53	100.0	3.2	1.0	－	3.6	88.3
伊東市	72,134	581	12,410	429	219	9	69	141	100.0	3.5	1.8	4.1	16.1	64.4
伊豆の国市	49,904	527	9,462	1,080	504	286	160	57	100.0	11.4	5.8	56.7	12.8	11.3
下田市	23,656	227	10,438	258	48	21	10	17	100.0	2.5	0.5	43.8	3.9	35.4
田方郡	38,628	593	6,516	692	416	202	193	21	100.0	10.6	6.4	48.6	27.9	5.0
函南町	38,628	593	6,516	692	416	202	193	21	100.0	10.6	6.4	48.6	27.9	5.0
加茂郡	46,136	160	28,844	934	364	57	103	206	100.0	3.2	1.3	15.7	11.0	56.6
東伊豆町	13,267	171	7,781	258	155	4	24	128	100.0	3.3	2.0	2.6	9.3	82.6
河津町	7,731	77	10,069	322	118	18	40	60	100.0	3.2	1.2	15.3	12.4	50.8
西伊豆町	8,900	84	10,554	150	11	2	8	1	100.0	1.4	0.1	18.2	5.3	9.1
松崎町	7,323	86	8,519	309	55	29	5	21	100.0	3.6	0.6	52.7	1.6	38.2
南伊豆町	8,915	81	10,994	354	91	35	39	18	100.0	3.2	0.8	38.5	11.0	19.8

資料：『平成27～28年静岡農林水産統計年報』より作成。

図1-1　静岡県東部地域の概要

東郡、伊豆の国市等では田に特化しているのに対し、野菜生産が盛んな三島市や富士宮市等では相対的に畑の構成比が高く、一方で柑橘類の産地である熱海市や東伊豆町、沼津市、伊東市等においては樹園地の構成比が突出して高くなるなどの差異が生じている。なお、畑地を構成比ではなく実面積でみるならば、市域が広くこのため経営耕地面積も大きな富士宮市や富士市、御殿場市、沼津市等においては多くの畑地が確保されている。

　東部地域の農業経営体についてまとめたものが表1-2である。同地域内には8,983の経営体が存在しており、このうち旧駿河国は5,536、旧伊豆国では3,447という内訳である。経営体のうち販売実績のあるものは同地域全体で

第1章　園芸生産地域の地域流通市場における機能強化

表1-2　静岡県東部地域の農業経営体（2015年）

単位：1,000×実数、実数、%

	実数							構成比						
	農業経営体数	販売のあった経営体数	単一経営経営体	稲作	露地野菜	施設野菜	果樹類	農業経営体 計	販売のあった経営体	単一経営経営体	稲作	露地野菜	施設野菜	果樹類
全国	1,377	1,245	990	627	77	42	124	100.0	90.4	71.9	63.3	7.8	4.3	12.5
静岡県	33,143	30,040	22,930	5,445	2,191	4,599	4,599	100.0	90.6	69.2	23.7	9.6	20.1	20.1
東部地域	8,983	7,355	5,830	2,324	801	383	1,071	100.0	81.9	64.9	39.9	13.7	6.6	18.4
旧駿河国	5,536	4,444	3,494	1,636	339	80	548	100.0	80.3	63.1	46.8	9.7	2.3	15.7
富士市	1,108	979	650	123	38	33	96	100.0	88.4	58.7	18.9	5.8	5.1	14.8
富士宮市	1,059	814	671	326	112	12	23	100.0	76.9	63.4	48.6	16.7	1.8	3.4
沼津市	1,085	1,021	809	105	70	15	406	100.0	94.1	74.6	13.0	8.7	1.9	50.2
御殿場市	1,201	834	742	672	26	4	2	100.0	69.4	61.8	90.6	3.5	0.5	0.3
裾野市	387	219	165	71	25	7	6	100.0	56.6	42.6	43.0	15.2	4.2	3.6
駿東郡	696	577	457	339	68	9	15	100.0	82.9	65.7	74.2	14.9	2.0	3.3
清水町	89	60	40	29	4	4	2	100.0	67.4	44.9	72.5	10.0	10.0	5.0
長泉町	166	153	103	13	52	5	13	100.0	92.2	62.0	12.6	50.5	4.9	12.6
小山町	441	364	314	297	12	-	-	100.0	82.5	71.2	94.6	3.8	-	-
旧伊豆国	3,447	2,911	2,336	688	462	303	523	100.0	84.5	67.8	29.5	19.8	13.0	22.4
三島市	544	500	353	124	125	48	6	100.0	91.9	64.9	35.1	35.4	13.6	1.7
熱海市	145	145	142	-	6	-	134	100.0	100.0	97.9	-	4.2	-	94.4
伊東市	316	234	190	2	29	1	116	100.0	74.1	60.1	1.1	15.3	0.5	61.1
伊豆市	724	544	474	222	146	8	17	100.0	75.1	65.5	46.8	30.8	1.7	3.6
伊豆の国市	735	627	511	226	46	177	28	100.0	85.3	69.5	44.2	9.0	34.6	5.5
下田市	93	80	57	11	10	8	23	100.0	86.0	61.3	19.3	17.5	14.0	40.4
田方郡	362	290	218	98	51	27	7	100.0	80.1	60.2	45.0	23.4	12.4	3.2
函南町	362	290	218	98	51	27	7	100.0	80.1	60.2	45.0	23.4	12.4	3.2
加茂郡	528	491	391	5	49	34	192	100.0	93.0	74.1	1.3	12.5	8.7	49.1
東伊豆町	208	194	161	-	11	17	113	100.0	93.3	77.4	-	6.8	10.6	70.2
河津町	192	178	148	-	28	13	65	100.0	92.7	77.1	-	18.9	8.8	43.9
西伊豆町	29	25	19	-	3	3	-	100.0	86.2	65.5	-	15.8	15.8	-
松崎町	95	83	71	20	18	1	29	100.0	87.4	74.7	28.2	25.4	1.4	40.8
南伊豆町	128	119	82	5	10	4	14	100.0	93.0	64.1	6.1	12.2	4.9	17.1

資料：『平成27～28年静岡農林水産統計年報』より作成。

7,355（81.9％）であり、さらに単一経営経営体では5,830（64.9％）となっている。単一経営経営体の作目については、同地域全体では稲作が39.9％と高い割合を占めており、次いで果樹類18.4％、露地野菜13.7％、施設野菜6.6％となっている。これを市町別にみると、前述の地目と同様の傾向が確認できる。具体的には、御殿場市や駿東郡等において稲作が盛んであり、露地野菜及び施設野菜については三島市や伊豆の国市、田方郡、伊豆市等の構成比が高く、果樹類については熱海市や伊東市、加茂郡等の中心的な作目となっている。このように、同地域においては温暖な気候条件もあって、年間を通じて多品目にわたる園芸生産が行われている。そして、同地域で生産された青果物は農協共販だけでなく、後述するように地域内の市場に対する個人出荷も盛んに行われている。

（2）調査対象卸売業者の概要

東部地域内には、**表1-3**で及び示すように7つの青果物卸売市場が設置されており、7社の卸売業者が営業活動を行っている。同表において卸売業者は取扱規模順に記載しており、これら業者の取扱額は合計199億3,500万円[2]となっている。なお、これら市場はいずれも民営の単一地方卸売市場である。調査の実施にあたっては、7社のうちSG社を除く6社に対してヒアリングを行った。また、調査対象となった卸売業者の所在地については**図1-2**のとおりである。各社について確認すると概略は以下のとおりとなる。

SA社は沼津市の西郊にあたる原に所在しており、年間取扱額は92億9,800億円というように同地域では最大規模の市場である。同社は1923年に沼津駅から約300mという市街地内で創業している。同社は設立当初から主として旧沼津町民に青果物を供給する消費地市場であったが、その一方で、東海道線を利用してキャベツ、はくさい、だいこん等の野菜を東京に搬出するという産地集荷市場としての性格も併せ持っていた。SA社はその後も消費地市場としての性格を強めながら営業を行っていたが、2014年に旧市場用地から西北に9kmほど離れた現在地へと移転している。

第1章　園芸生産地域の地域流通市場における機能強化

表1-3　卸売業者の概要

単位：百万円、年

	所在地	取扱額	開設年	備考
SA社	沼津市原	9,298	1921	産地市場として沼津市街で発足 2014年に現在地へ移転
SB社	三島市山新田	4,273	1931	産地市場として三島市街で発足 2012年に現在地へ移転
SC社	富士市田島	4,127	1976	7つの消費地市場を統合して設立 設立時は公設の総合市場 1990年と1996年にそれぞれ1市場を統合 2012年に民営化し、施設を再整備
SD社	伊東市荻	771	1918	伊東市街に消費地市場として発足 1度の移転を経て、2011年に現在地へ移転
SE社	富士市柚木	634	1927	消費地市場として発足
SF社	函南町塚本	499	1967	1967年6月、夕市市場として発足 同12月、朝市に変更 1990年に現在地へ移転
SG社	下田市敷根	333	1917	ヒアリング調査は不実施 1917年に夕市市場として発足 1度の移転を経て、1964年現在地へ移転

資料：静岡県資料、ヒアリング（2015年）により作成。
注：取扱額は2013年の実績である。

図1-2　調査対象卸売業者の所在地

SB社は三島市内でも箱根西麓の野菜生産地域にあたる市山新田にあり、取扱額では42億7,300万円というように、同地域内では比較的規模の大きな市場である。同社は1931年に三島駅から直線距離で400m程の市街地内で設立されているが、当時は産地集荷市場としての性格が強く、三島駅から鉄道を利用して東海道線沿線に向けた野菜の搬出が行われていた。その後、1960年代から1970年代にかけて三島市の人口が増加したことが一因となって、現在のように消費地市場としての性格を強めている。そして同社は、2012年に三島市中心部から約5km東となる現在地へと移転している。

　SC社は富士市田島にあり、1976年に富士市が開設した公設総合卸売地方卸売市場の設立時に、当時、富士市内等に存在していた7つの既存市場の合併により設立されている。その後、1990年と1996年に地元の青果市場を吸収合併しながら公設市場として存続してきたが、2012年には富士市の意向もあって民営市場に転換し、さらに2013年には水産物卸売業者が田子の浦漁港へ移転したことによって、青果単一の市場に移行している。また単一化に際しては、老朽化していた旧市場施設をほぼ同じ規模で再整備している。同社の2013年における取扱額は41億2,700万円である。

　SD社は伊東市荻にあり、取扱額は7億7,100万円である。同社は1918年に現在の伊東市街の中心部に近い和田において、消費地市場として創業している。その後、同市の人口増に伴い1968年に郊外の鎌田へと移転し、さらに2011年には市街中心部から4kmほど伊豆半島内部に入った現在地への移転が行われている。

　SE社の取扱額は6億3,400万円であり、1927年から現在の富士市柚木において、消費地市場として営業を行っている。同社は前述のSC社と同じ富士市内にあることから、1976年の公設地方卸売市場の設立にあたっては開設者からSC社と合併のうえ入場することを勧められたが、それに同意することなく現在まで単独の民設民営市場として営業活動を継続させている。

　最後のSF社は伊豆半島の付け根にあたる函南町塚本にあり、取扱額は4億9,900万円と比較的小規模な市場である。同社は1967年に函南町内で設

立されているが、このように設立年次が比較的最近なのは、その背景に当時の函南町周辺における園芸産地化の進展があったとされている。また、設立時の同社は夕市市場であったが、その6箇月後には小売業者にとって仕入を行いやすい朝市市場へと転換されているように、その性格は設立当初から消費地市場であった。また、1990年には市場施設の老朽化を理由として現在地に移転している。

以上が調査対象となった卸売業者の概要である。これらは比較的最近に設立されたSF社を除くならば、公設市場の開設に合わせて設立されたSC社も含めて、いずれも戦前段階からの系譜を持つ市場となっている。このことは、これら市場は東部地域の人口が増加するとともに、同地域において園芸産地化が進む過程のなかで設立されてきたことを物語るものである。また、SA社やSB社のように設立時においては産地集荷市場的な性格を併せ持っていた市場も存在しているが、それ以外は基本的に消費地市場ということができる。これら業者の取扱規模については、40億円以上の上位3社と8億円以下である下位3社とに大別することができる。なお、今回は調査対象に含めることができなかったが、東部地域には上記以外に、伊豆半島の最南端に近い下田市敷根にSG社が存在している。同社の取扱額は3億3,300万円と少ないものの、地域流通市場として地元生産者や小売業者等に利用されている可能性が高いと考えられる。

第3節　市場の集荷概要と機能強化

(1) 市場の集荷概要

本節においては、表1-4を基に調査対象となった卸売業者の集荷概要について確認したうえで、それを踏まえて集荷に関する機能強化への取り組みについて検討する。

最初に出荷者の業態構成からみると、比較的取扱規模が大きく、このため集荷力も強いと考えられる卸売業者は総じて農協系統組織からの集荷割合が

表1-4　卸売業者の集荷概要

単位：%

	出荷者構成				委託集荷率	静岡県産率		巡回集荷	コンテナ利用	備　考
	個人	商系	農協	他市場	合計		野菜	果実			
SA社	20	28	50	2	100	73	30.9	35.3	有	有	
SB社	20	18	44	18	100	75	38.2	40.2	有	有	委託は指値委託を含む
SC社	50	5	30	15	100	70	25.9	55.7	有	有	個人のうち30％は出荷組合 委託は指値委託を含む 巡回集荷は夏場のみ
SD社	10	3	50	37	100	50	50.3	86.8	無	無	系統のうち20％は北海道産
SE社	25	0	0	75	100	20～30	74.1	65.7	無	無	
SF社	30	20	0	60	100	50	43.7	17.6	有	有	個人のうち15％は出荷組合 巡回集荷は夏場のみ

資料：ヒアリング（2015年）、静岡県資料により作成。
注：1）静岡県産以外の構成比は金額に基づく概数である。
　　2）個人は出荷組合名義の出荷を含む。
　　3）取扱額は2013年の実績である。

高くなっており、具体的にはSA社で50％、SB社は44％、SC社についても30％が農協系統によって占められている。また、相対的に小規模であるSD社についても系統の構成比が50％と高い傾向にあるが、これは地元農協からの集荷に加えて、同社が北海道の農協連合会から直接的に買い付けていることによる。一方、規模の小さなSE社及びSF社では、農協系統からの直接的な集荷は行われていない。

農協以外の出荷者のうち個人出荷[3]については、SC社で50％を占めているように比較的高い傾向にあることが確認できるが、それ以外では10％から30％の間となっている。次に、他市場からの転送は小規模層で構成比が高く、例えばSE社は75％、SF社では60％というように転送に依存する傾向が顕著である。

ここで、**表1-5**を基に各市場における個人出荷者の所在地について確認したい。出荷者数からみると、出荷実態のある出荷者[4]はSA社の1,700人からSF社の100人というように、ほぼ取扱額に比例して確保されている。出荷者の所在地も市場の所在市町及びその周辺市町が多くなっていることから、個

第 1 章　園芸生産地域の地域流通市場における機能強化

表 1-5　卸売業者の個人出荷者からの集荷

単位：人

	出荷者数	出荷者の所在地	備　　考
SA 社	1,700	沼津市、伊豆市、富士市、富士宮市等	2014 年の移転により 80 名増加
SB 社	1,000	三島市、伊豆の国市、裾野市、清水町、御殿場市、伊豆市、函南町等	2012 年の移転により 500 名増加
SC 社	800	富士市、富士宮市、沼津市、富士川市、静岡市、山梨県南部等	富士市と富士宮市で 70～80％
SD 社	200	野菜は伊東市、箱根町、函南町等 果実は下田市、東伊豆町等	内訳は野菜 60 人、果実 140 人
SE 社	…	富士市、富士宮市、静岡市等	出荷者数は平均 50～60 人／日
SF 社	100	函南町、箱根町、三島市等	2015 年の近隣市場の破綻により 15 人増加

資料：ヒアリング（2015 年）により作成。
注：1）出荷者数は出荷実態のある出荷者である。
　　2）出荷者数は概数である。
　　3）…は事実不詳を意味する。

人出荷者の大部分は地元の農業生産者である。このうち、SA社については第 5 節で検討する市場の移転に伴って、市場から遠くなった出荷者を中心に170人が減少しているが、その一方で東部地域でも西側にあたる富士市や富士宮市の出荷者250人が新規に出荷を行っており、差し引き80人の増加となっている。また、柑橘類の生産が盛んな伊豆半島に所在するSD社については、野菜の集荷先は比較的平坦地の多い伊東市や箱根町及び函南町となっているが、柑橘類を中心とする果実[5]では、下田市や東伊豆町などの伊豆半島東岸部からの集荷が中心である。

　以上から、同地域は園芸生産が盛んであることも関係して、そこで生産された青果物は生産者によって地域内の卸売市場に対する個人出荷が盛んに行われている。このように、同地域内の市場は出荷者から地場産品の出荷先として利用されており、少なくとも集荷面でみた場合、これらは地域流通市場としての性格が強いと想定される。

　なお個人出荷者については、SC・SD・SEの 3 社の場合は経年的に減少傾向で推移しているが、それ以外の 3 社では増加する傾向にある。増加の理由を具体的にみると、SA社は2014年の移転によって沼津市街から西郊へと移転しているが、これによって以前ならば輸送距離の関係から出荷が難しかっ

た富士市や富士宮市の出荷者80人が、新たに出荷を始めたことによる。また、SB社は2012年に沼津市街から野菜生産が盛んな箱根西麓地域へと移転しているが、これによって同地域の生産者は出荷が容易となったことから、新たに500人もの参入がもたらされている。最後のSF社については、2015年に三島市内の青果物卸売業者が経営破綻したことによって、新たに15人の出荷者がSF社へと出荷先を変更[6]したことによる増加である。

再び表1-4に戻って委託集荷率について確認すると、SE社を除けば50％から75％となっているが、転送依存率の高いSE社については転送分がほぼ買付に該当していることから、20〜30％と低い構成比となっている。卸売業者が取り扱う青果物に占める静岡県産品の割合についてみると、野菜ではSC社の25.9％からSE社の74.1％[7]というように、50ポイント以上もの差が生じている。さらに、果実についてはSF社の17.6％からSD社の86.8％となっているように、野菜以上に大きな差が生じている。しかし、東部地域は園芸生産が盛んであるという背景もあって、県産品は各市場の集荷面において大きな位置付けを占めていることは明らかであり、これら市場は地場産品の出荷先として重要な役割を果たしている。特に、同地域の中核的な市場であるSA社やSB社、及びSC社においては相当割合が県産品によって占められているだけでなく、両市場は取扱規模が大きいこともあって県産青果物の取扱額も大きく、この点からも青果物の地場流通においてこれら市場は重要な役割を果たしているということができる。

なお、集荷面での機能強化と関連する巡回集荷の実施と通いコンテナの使用の有無については、巡回集荷を行っているのがSA・SB・SC・SFの4社、コンテナ利用についてはSD社を除く5社となっている。これらの取り組みによってもたらされた市場の機能強化については、次項以降において検討したい。

（2）巡回集荷による機能強化

調査対象が実施する巡回集荷についてまとめたものが表1-6である。各社

第1章　園芸生産地域の地域流通市場における機能強化

表1-6　卸売業者による巡回集荷の概要

	実施状況	集荷料	備　考
SA社	県内14箇所に集荷ポイントを設置 個人出荷品の15％が該当	50円/ケース（10kg未満） 60円/ケース（10kg以上）	移転に伴い4箇所増設
SB社	遠隔地のみ実施 数量的には僅か	無料	
SC社	8～10月は農協支所（3箇所）で集荷 金額的には僅か	無料	集荷品は農協扱い
SF社	4～6月に夏みかんで実施	10円/kg	

資料：ヒアリング（2015年）により作成。
注：割合は概数である。

が行う巡回集荷について確認すると以下のとおりとなる。

　SA社は20年以上前から県内各所に集荷ポイントを設置し、同社がそこまで集荷に赴くことによって個人からの集荷を促進している。調査時現在、同社の集荷ポイントは富士市から伊豆半島西部にかけて合計14箇所に設置されており、個人出荷品の取扱額のうち巡回集荷によるものは15％、同社の集荷量全体では3％を占めている。ただし、巡回集荷を利用する出荷者は比較的規模の小さなものが多く、出荷規模の大きな出荷者の場合は市況等の情報収集も兼ねて、自身で市場まで持ち込むケースが多い。また、14箇所ある集荷ポイントのうち4箇所については、2014年の移転によって市場から遠くなった伊豆半島等の出荷者に対する対応措置として増設したものである。集荷ポイントの形態に関しては、古くから巡回が行われている沼津市や富士市、富士宮市等においては常設の集荷所が設置されているが、用地を確保しにくい伊豆市や伊豆の国市においては道路脇にトラックを停車し、その荷台を集荷スペースとすることによって行われている。同社が巡回集荷を行うにあたっては、出荷者から50円/ケースまたは60円/ケースの集荷料を徴収している。

　SB社の巡回集荷は金額的にはわずかであるが、相当以前から出荷者からの要望を踏まえて、遠隔地である長泉町の個人を対象に実施している。集荷は同社の職員が4 tトラック1台で出荷者を巡回しながら行っており、集荷料は出荷者に対するサービスとして徴収していない。

　SC社が行う巡回集荷は、地元特産品の落花生やさといもの収穫期にあた

る８月から10月初旬にかけて、これら品目の集荷量確保を目的として実施している。ただし、これら２品目以外についても期間中ならば、集荷ポイントに持ち込まれたものについては一緒に集荷を行っている。集荷にあたっては、同社が無料でトラックを差し向けることによって行われているが、この場合、集荷ポイントとして富士宮市内の農協集荷所３箇所を使用していることから、実質的には個人出荷であっても商流上は農協を経由させている。なおSC社によれば、かつては山梨県の峡南地域でも巡回集荷を行っていたが、同地域の出荷者が高齢化により減少したことを理由として、2005年頃に廃止したとのことである。

SF社は、出荷者１人当たりの集荷量が多い河津町の夏みかんを対象に巡回集荷を実施しているが、同品目の収穫期の関係から４～６月に限定されている。この場合、出荷者は１箇所の集荷ポイントに荷を持ち込んでおり、そこで同社が自社トラックに積み替えたうえで市場まで輸送している。出荷者からの集荷料は出荷量を基に10円/kgで計算し、これを販売代金から差し引くことによって徴収している。

以上みてきたように、SA社を除く東部地域の卸売業者については、巡回集荷を積極的に実施しているとはいい難いものの比較的行う傾向にあり[8]、巡回集荷は卸売業者が個人等からの集荷を促進するうえにおいて一定の役割を果たしていることは明らかであろう。一方、取扱額が大きく比較的広範囲からの集荷を行うSA社については積極的な展開がみられ、同社の地場産青果物の集荷機能向上に結びついているだけでなく、遠隔地から個人出荷品を集荷するうえにおいても重要な役割を果たしている。

（３）通いコンテナの利用による機能強化

本項においては、巡回集荷と並んで集荷に関する卸売業者の重要な取り組みと考えられる通いコンテナの活用実態と、それによってもたらされた集荷面での機能強化について確認したい。調査対象における通いコンテナの使用状況についてとりまとめたものが**表1-7**である。同表にあるように、調査対

第1章　園芸生産地域の地域流通市場における機能強化

表1-7　市場における通いコンテナの利用状況

	利用状況	稼働数	使用料
SA社	地場青果物の20%	12,000ケース	20円/コンテナ/回
SB社	地場野菜90%以上 地場果実20〜30%	2〜3万ケース	大・中 30円/コンテナ/回 小 20円/コンテナ/回
SC社	地場青果物の30%	15〜16万ケース/年	30円/コンテナ/回
SE社	地場青果物の一部	…	…
SF社	地場野菜の30〜40%	100ケース/日	20円/コンテナ/回

資料：ヒアリング（2015年）により作成。
注：1）利用割合・稼働数は概数である。
　　2）…は事実不詳を意味する。

象6社のうちSD社を除く5社までが何らかの形で通いコンテナを活用している[9]。このうち、詳細が不明であるSE社以外について個別に検討するならば、概略は以下のとおりとなる。

　SA社では少なくとも30年前から通いコンテナを導入しており、現在でも8タイプ、合計12,000ケースが稼働している。同社の通いコンテナは基本的に地場産青果物で使用されており、地場産品の約20％はコンテナによって集荷されている。また、個人出荷者の2/3程度は何らかの形でコンテナを使用している。通いコンテナの使用料は出荷者の負担となっており、具体的にはSA社からコンテナを貸与された生産者が青果物を出荷した場合、同社によって代金精算時に出荷者の販売代金から20円/コンテナ/回が使用料として差し引かれている。その後、コンテナは内容物である青果物とともにSA社の販売先となる一般小売店や地元量販店の店舗に運ばれるが、最終的には小売店によってSA社へと返却されている。なお、このような通いコンテナのシステムは、基本的に他の卸売業者でも同様である。

　SB社においても30年以上前から通いコンテナを活用しており、現在は大きさ別に大・中・小の3種類のコンテナが使用され、稼働数では2〜3万個と推計されている。地場産青果物におけるコンテナの使用割合は、野菜では100％近くを占めており、果実においても20〜30％で活用されている。出荷者から徴収される使用料は大・中が30円/コンテナ/回であり、小では20円/コンテナ/回である。通いコンテナを利用することのメリット[10]として、

SB社は以下の6点を指摘している。出荷者にとっては、①段ボール等の出荷ケースより安価となることに加えて、②耐水性があるので荷の水切りが不要であるうえに、③圃場で荷造りしたものをそのまま市場に搬入できることから、出荷作業の省力化がもたらされる。市場にとっては、④積載性が高いことによる卸売場における省スペース化や⑤取り扱いの簡便性があげられている。また小売業者にとっては、⑥段ボールのような廃棄作業が不要となる点が指摘されている。一方、コンテナの課題としては紛失の多さがあり、SB社によれば移転により出荷者が増大した2014年には紛失が一因となって、取扱量が最も多くなる年末時にはコンテナの絶対数が足りなくなるほどであった。このため同社は、毎年1,000万円程度の経費をかけてコンテナを補充しているとのことであった。それ以外の課題としては、夏場は地場産品の集荷量が減少するのでコンテナの貸し出し数も少なくなり、このため余剰となったコンテナの保管スペースをいかに確保するかがあげられている。
　SC社は、東部地域では比較的早い時期とされる1982年に通いコンテナを導入している。その後、コンテナの使用量は拡大傾向で推移し、2007年頃の最盛期には年間30万ケースが同社を経由していた。その後、個人出荷者や市場で調達を行う一般小売店の減少もあって、2014年には年間15〜16万ケースにまで縮小しているものの、調査時現在においても地場産青果物では30%程度がコンテナにより集荷されている。コンテナは最盛期には4種類が用いられていたが、現在では深型、浅型及びイチゴ用の3種類である。SC社が指摘するコンテナの課題は回収率にあり、次節でみるように同社は市場内の仲卸業者への販売割合が高いが、この場合は一般小売店に販売するケースと異なって小売までの流通段階が1つ多くなるだけでなく、量販店の集配センターが介在する場合にはさらに多段階化することから、最終的に地域内の量販店に納品されていたとしても回収率は低く抑えられてしまうとしている。一方、通いコンテナは耐水性が高いことが一因となって、市場への入荷後すぐに冷蔵庫で保管される葉物野菜ではコンテナが多用される傾向があるとのことであった。なお、同社のコンテナ使用料はケースの大きさに係わらず30

円/コンテナ/回[11]である。

　SF社では地場産野菜の30〜40％が通いコンテナに入れられた荷姿で集荷されている。同社におけるコンテナの導入時期は不明であるものの、現在使用されているコンテナは1種類のみであり、稼働数では約100ケース/日程度となっている。出荷者がコンテナを使用するに際してはSF社と契約を取り結ぶことが前提となっており、実際に使用した場合は出荷者から出荷毎に20円/ケースが徴収されている。

　以上、調査対象卸売業者における通いコンテナの利用状況についてみてきた。東部地域におけるコンテナの導入時期は3社が30年以上前からとしており、使用割合でみても地場産青果物の20〜40％程度となっているが、なかにはSB社のように地場野菜の90％で使用される事例も存在していた。このように使用率が高く維持される背景には、東部地域におけるコンテナ回収率の高さが考えられる。その理由としては、同地域の通いコンテナは基本的に限られた取引関係者間、具体的には地場産青果物を対象に地域内の出荷者・卸売業者・小売業者の間を循環するという「地域完結型流通」において活用されており、このため途中段階での紛失が比較的抑制されている点を指摘することができる。このことは第1節で確認したように、同地域の域内で園芸生産が盛んに行われると同時に、同じく地域内に消費需要の集積がみられるという生産・流通上の環境が、市場における通いコンテナの活用に適している可能性が高い。そして、東部地域の卸売市場では地場産青果物を対象とする通いコンテナの活用によって、出荷者及び流通業者の集出荷経費の削減や集出荷に係る物流及び作業の効率化、さらには市場の鮮度保持機能の向上等、多方面にわたる流通上の機能強化がもたらされている。

第4節　市場の分荷概要と機能強化

（1）市場の取引方法

　本節においては、調査対象となった卸売業者における青果物の取引方法及

表1-8 市場の取引方法

単位：％

取引方法	セリ	相対	セリの対象品目	備考
SA社	20	80	出荷者に関わらずロットの小さいもの	出荷量の多い個人は相対で最低価格を保証
SB社	18	82	個人出荷品の70％はセリで取引	会社の方針としてセリを維持 個人でも販売先と事前取決のあるものは相対 セリの価格は平均すると相対と異ならない
SC社	20	80	個人出荷品の75％はセリで取引	個人でも販売先と事前取決のあるものは相対
SD社	1	99	相対の売残品	
SE社	60～70	30～40	出荷者・集荷方法に関わらず相対の残品	
SF社	21～24	76～49	委託集荷品の70％はセリで取引	委託品の先取の残品がセリとなる

資料：ヒアリング（2015年）により作成。
注：構成比は金額に基づく概数である。

び分荷の概要について確認した後に、卸売業者が量販店対応の拡大に伴って獲得した分荷に係る各種の機能について検討を行いたい。

　まず、市場の価格形成機能に関わる取引方法について確認するならば、**表1-8**のとおりとなる。セリ取引率からみると、調査対象は比較的盛んにセリを行っているSE社、2割前後で実施しているSA・SB・SC・SFの4社、最後にほとんど行っていないSD社の3タイプに大別される。

　このうち、盛んにセリが行われているSE社については、原則として全ての集荷品をセリによって取り引きしている。同社の場合、相対は夜間に先取りされる一部の商品に限られることから、出荷者や集荷方法を問わず午前7時の競売開始時間までに先取りされなかった荷については、全量がセリに上場されている。同社の出荷者構成は、既にみたように他市場からの転送が75％を占めているが、この場合についても集荷方法が原価の存在する買付であるにも関わらず、セリによって処理されている。ちなみに、買付品をセリで販売した場合は手数料ではなく、セリ価格から仕入原価を差し引いたものがSE社の粗利益となっている。

第1章　園芸生産地域の地域流通市場における機能強化

　続いてセリ取引が20％前後となるものについてみると、SA社では出荷者の属性に関わらず、入荷ロット当たりの数量が比較的少ないものがセリにかけられている。このことは、個人出荷品であっても入荷ロットが大きな出荷者については相対で処理されていることを示している。なおSA社によれば、出荷量の大きな出荷者については最低価格を保証することで継続的な出荷を促すという意味においても、相場変動が不可避となるセリより価格が安定する相対取引の方が望ましいとのことである。同じくセリが２割前後となるSB・SC・SF社については共通性が高く、例えば前２社の場合、個人出荷品は原則としてセリで取り引きしており、出荷者と小売業者との間で事前に約束のある一部の個人出荷品のみが相対によって処理されている。このため、個人出荷品に限定すればSB社は70％、SC社では75％がセリで取り引きされている。SF社については委託集荷品のうち先取品のみが相対となることから、委託品に限れば70％がセリによって取り引きされている。なお、SB社については園芸産地に立地する卸売市場の本質をセリを行うことに求めており、このため同社は市場で競売を行うことによって活気がでるだけでなく、買参人である一般小売店の希望にも添うことになると評価している。

　最後に、セリ取引率が１％というようにほとんど行わないSD社については、市場施設との関係が大きい。具体的にいえば、同社は2011年に移転しているが移転後の市場は施設規模的に狭隘であることから、夜間に入荷した荷を朝までに捌ききるため「トラックから卸売場への荷下ろし→カーゴへの仕分→トラックへの積載」という一連の作業を１夜のうちに２から３回繰り返す必要が生じている。このため、SD社は荷を朝の取引時間まで残すことなく可能な限り相対で販売するように努力していることから、同社で行われるセリは基本的に残品処理という性格のものである。

　本項では市場における取引方法について確認したが、SD社を除く５社については、個人出荷品を販売するにあたってはセリを原則とする取り引きを行っていた。そして、その背景には市場周辺で園芸生産が盛んに展開され、市場に個人出荷品が豊富に入荷しているという事実が存在している。ここで、

セリが活発に行われることと市場の評価・価格形成機能との関係について確認するならば、都内等の拠点市場や周辺市場で形成された相場が建値として影響する相対取引と比較して、セリは基本的に各市場における需給関係に基づいて価格形成が行われることから、調査対象となった市場については市場独自の評価・価格形成機能が、現在においても比較的維持されているということができる。

(2) 市場の分荷概要

1) 販売先の業態構成

卸売業者の分荷概要について取りまとめたものが表1-9である。同表を基に販売先の構成についてみると以下のとおりとなる。

調査対象のなかでも比較的規模の大きいSA社及びSB社は主として量販店に販売しており、規模階層は小さいがSD社についても同様の販売先構成となっている。これら3社を具体的にみるならば、SA社は量販店に40%、一般小売店に15%を販売しており、それ以外では外食を含む納品業者（4件）が20%、静岡市中央卸売市場の仲卸業者（4社）及びSC社が入る市場の仲

表1-9 卸売業者の分荷概要

単位：%

	販売先構成						合計	静岡県内分荷率	備　考
	仲卸業者	量販店	一般小売店	納品外食	他市場	関連流通業者			
SA社	0	40	15	20	25	0	100	100	量販店の一部店舗は山梨県内
SB社	0	60	20	20	0	0	100	100	
SC社	65	0	35	0	0	0	100	100	仲卸業者数は5社
SD社	0	67	28	0	3	2	100	100	
SE社	0	0	100	0	0	0	100	100	
SF社	0	0	100	0	0	0	100	100	

資料：ヒアリング（2015年）により作成。
注：1) 構成比は金額に基づく概数である。
　　2) 一般小売店は個人スーパーを含む。
　　3) 納品業者は外食業者を含む。

第1章　園芸生産地域の地域流通市場における機能強化

卸業者（3社）が25％となっている。なお、他市場仲卸業者への販売分については、最終的に量販店へと再分荷されるケースが多い。SB社についても量販店が60％を占めており、一般小売店は20％、納品業者（10件）は20％という構成である。また、SD社については量販店が67％、一般小売店が28％、他市場が3％、関連流通業者[12]が2％となっている。

　一方、SC社が入場する市場には仲卸制度があることから、同社の販売先も5社の仲卸業者の占める割合が65％と高く、それ以外の35％は全て一般小売店となっている。なお、仲卸業者への販売分についても最終的には地域の量販店に再分荷されている。最後に取扱規模の小さいSE社とSF社については、いずれも一般小売店が100％を占めている。

　以上、調査対象の販売先についてみてきたが、卸売業者が量販店に直接販売するにあたっては、卸売業者の側にある程度の取扱規模が必要になることがうかがえる。

2）一般小売店の所在地域

　ここで、本書の研究課題である地方卸売市場の機能変化からは多少逸脱するが、各市場の性格について明らかにするために、卸売業者が販売する一般

表1-10　卸売業者の専門小売店への分荷

単位：実数

	店舗数	店舗の所在地	備　　考
SA社	143	静岡県東部地域	納入業者を含む
SB社	40～50	三島市、裾野市、伊豆の国市、伊豆市、函南町等	納入業者を含む
SC社	70～80	富士宮市、富士市等	富士市と富士宮市で80～90％
SD社	30	伊東市、熱海市、東伊豆町等	伊東市内で60％
SE社	50	富士市、富士宮市、沼津市、静岡市、山梨県等	富士市内で50％
SF社	45	三島市、函南町、伊豆市、東伊豆町、下田市等	三島市と函南町で75％ 2015年の近隣市場の破綻により15人増加

資料：ヒアリング（2015年）により作成。
注：1）店舗数は継続的な購入を行う買参人である。
　　2）店舗数は概数である。

小売店の店舗数及び所在地域について、**表1-10**に基づいて明らかにしておきたい。

　調査対象となった卸売業者から青果物を調達する一般小売店の数は、SA社の143店からSD社の30店というように幅が生じているが、その所在地は市場所在市やその周辺市町となるケースが多い。店舗の所在地域の範囲は卸売業者の取扱規模との関係も深く、例えば最大規模のSA社では東部地域全域に店舗が存在しているのに対し、相対的に規模が小さいSD社では伊東市内で60％、SE社は富士市で50％、またSF社では三島市と函南町で75％を占めるなど、市場所在市内に集中する傾向が存在している。

　以上、調査対象から青果物を調達する一般小売店について確認したが、これら小売店に関しては市場所在市内及び周辺市町に存在していることから、少なくとも一般小売店に関しては、調査対象が属する市場は市場周辺の比較的限られた地域に青果物を供給するものであるということができる。

（3）量販店対応と市場機能の強化

1）販売先量販店と所在地

　前掲の**表1-9**でみたように、調査対象となった6社の卸売業者のうち量販店に直接販売しているのはSA・SB・SD社の3社であり、市場に仲卸制度のあるSC社については基本的に仲卸業者経由となっている。そこで、直接的に販売している3社の量販店対応についてまとめたものが**表1-11**である。

　最初に、販売先となる量販店とその店舗所在地等について確認したい。沼津市西郊に立地するSA社は合計12社の量販店に納品しており、これら量販店の多くは電鉄系や生協、農協を含む地元の食品スーパーとなっているが、なかには大手総合スーパーであるYKや大手量販店系列の食品スーパーであるMV[13)]も含まれている。また量販店の店舗所在地については、MVの一部店舗が山梨県の峡南地域等にも展開されている以外は、すべて東部地域となっている。そして、これら量販店は地場産青果物に対する要求が高く、このためSA社は、量販店への販路拡大を実現するため地場産品の集荷拡大・

第1章　園芸生産地域の地域流通市場における機能強化

表1-11　卸売業者の量販店対応

	量販店	仕分	パッキング	配送	備考
SA社	MV	有	有	無	大手量販店系の食品スーパー 一部店舗は山梨県内
	YK				大手総合スーパー
	AO				
	BF				
	KI				
	ST				電鉄系食品スーパー
	UC				生協
	AC				農協系食品スーパー
	他4社				
SB社	MV	有	有	有	大手量販店系の食品スーパー
	YK				大手総合スーパー
	AO				2012年の移転時に取引開始
	BF				
	KI				
	FV				2012年の移転時に取引開始
	他4社				
SD社	NG	有 or 無	有 or 無	有	
	TK				電鉄系食品スーパー
	UN				大手総合スーパー
	AO				
	UC				

資料：ヒアリング（2015年）により作成。

強化に努力しているところである。具体的には、同社は現在20％を占める個人からの集荷割合を、将来的に30％まで引きあげることを目標として掲げている。

三島市内でも箱根寄りにあるSB社の販売先量販店は、地元の食品スーパーを中心に合計10社となっているが、MVとYKについては大手量販店系である。また、量販店の店舗所在地域については全てが東部地域となっている。SB社の販売先量販店で特徴的なのは、斜字体で示すようにSA社と共通のものがMV・YK・AO・BF・KIと5社も含まれている点を指摘できる。その背景には、これら量販店の店舗網は東部地域に広く展開されていることに加えて、品揃えについても地場産青果物に対する要求が強く、このため特定市場からの調達に特化するのではなく、店舗毎に最寄市場を地場産青果物の調達

先として選択する傾向にあることが、SB社とSA社が調達先として併用される理由であると考えられる。そしてSB社によれば、量販店の戦略は常に変化しているが、近年は店舗が所在する地域毎にその特色を踏まえた店作りを行う傾向が強まりつつあり、量販店は可能な限り地場産品、なかでも地場産野菜の集荷・販売に力を入れているとのことであった。このため、SB社が2012年に三島市街から野菜産地である現在地に移転し、その結果として地場産野菜の集荷量が拡大したことが契機となって、AOとBFの2社が新たに同社での調達を開始している。

　伊豆半島東部に位置するSD社が販売する量販店は5社であり、これらには大手総合スーパーであるUNやSA・SB社と共通のAOも含まれてはいるが、主として地元の食品スーパーとなっている。また、店舗数では合計13店舗であるが、これらは沼津市内の2店舗を除けばいずれも伊豆半島東岸部に所在している。そして、これら量販店がSD社から仕入れる理由は、前2社とは異なっている可能性が高い。というのもSD社を地場産青果物の仕入先としてみた場合、同社は取扱額が8億円弱と少ないうえに個人からの集荷割合も10％に過ぎないことから、量販店からみて魅力のある市場とはいい難いものである。にもかかわらず大手を含む量販店がSD社を利用するということは、その理由として伊豆半島東岸部の付け根付近に位置するという同社の立地環境が、同じく伊豆半島東岸の店舗に納品するための物流環境上、望ましい条件になっていることによると考えられる。この点を踏まえるならば、前述のようにSD社の仕入において転送が4割近くを占めていたことについても、販売先となる量販店の品揃えを満たす必要から、転送に依存せざるを得なかったとの説明が可能となる。

　以上、卸売業者の分荷先である量販店と店舗所在地等について確認を行った。その結果に加えて、先にみた販売先となる一般小売店の所在地や集荷における個人出荷者の所在地、さらには県産品割合等を踏まえるならば、調査対象の性格は市場周辺地域で生産された青果物を比較的多く集荷し、それを主として同地域内の需要に供する「地域流通市場」ということができる。

2) 量販店対応の拡大に伴う市場機能の強化

中央卸売市場のように仲卸制度の存在する市場においては、仕分やパッキング、配送等の量販店から求められる諸作業については仲卸業者が行うケースが多い[14]。しかし、仲卸業者が存在しない地方卸売市場が量販店に販売する場合、上記の諸作業は行われないか、もし行うとするならばその実施者は卸売業者もしくはそれに代わる担い手が求められることになる。このため、以下では量販店に直接販売しているSA社、SB社及びSD社を事例に、卸売業者の量販店対応に伴う市場機能の強化について検討したい。

SA社における量販店との取引開始時期は不明であるが、相当以前より量販店側の要望に応える形で店舗単位の仕分とパッキング、及び袋詰めに対応している。具体的にみるならば、仕分については卸売場や後述の保冷庫内でSA社の職員が対応しており、パッキングについては市場内に設置したパッキングセンターにおいて行っている。なお、パッキングを行う場合にはSA社の側に資材費と人件費が発生することから、同社は量販店との価格交渉を行うにあたって、仕入原価にマージンだけでなく加工費を含めながら行うことによって販売価格が設定されている。SA社によれば、現在において仕分・パッキングという作業は卸売業者が量販店に直接販売していくうえで必要不可欠なものとなっており、それに対応しなければ卸売業者としての経営は維持できないものと位置付けている。なお、配送に関しては原則的にSA社が行うことはなく、同社もしくは販売先の量販店が運送業者を手配することによって、市場から量販店の集配センターまたは個店までの輸送が行われている。

SB社が量販店への販売を開始したのは、1980年頃にMVの前身となった地域スーパーと取り引きを行ったのが契機となっている。そして、取引開始にあたっては仕分・パッキング・配送等の作業をSB社が担うことが前提条件になっていたとのことである。その後、取引先となる量販店や店舗数が拡大するなかにおいて、いずれの販売先に対しても同社が上記作業を担いながら現在に至っている。なお、このような対応を行うことでSB社の側には経費

が発生しているが、同社はそれを販売価格に上乗せすることで対応している。SB社によれば、近年の傾向として量販店の地場産野菜に対する要求が強くなりつつあることから、価格や経費に関する卸売業者側の要求は比較的容れられるとのことであった。ただし、SB社は卸売業者が仕分・パッキング・配送等の業務を担うことを決して「望ましい」とは評価しておらず、あくまでも量販店に販売していくうえで「せざるを得ないもの」として位置付けている。

　SD社の量販店対応は、パッキングについては全ての量販店に対して同社が対応しているが、それ以外は量販店や作業内容によって対応方法が異なっている。例えば、仕分はNGの場合は量販店の側で行っているが、TKではSD社が対応している。また、配送についてもSD社が量販店の配送センターや個店に配達することもあれば、量販店の側から市場まで引き取りに来るケースも多い。このような対応の違いは基本的に購入者である量販店の意向によるものであり、SD社はあくまで販売先の要求に応えるという姿勢で対応している。そしてSD社からは、卸売業者としても量販店のこのような要求に対応していかなければ、量販店との取り引きは難しい点が指摘されている。なお、いずれの作業もその開始時期は不明であるが、相当以前から行われていたとのことである。

　以上、量販店対応の拡大に伴う卸売業者の機能強化について検討を行った。その結果、量販店と直接的に取引のある3社はいずれもパッキング等の諸作業を担っており、地方卸売市場の卸売業者は量販店対応の開始に伴って、分荷機能や加工機能、物流機能等を獲得してきたことが確認できた。

第5節　市場の移転・再整備による機能強化

（1）SA社のケース

　ここまでは市場の集分荷に関する機能強化について検討してきたが、本節においては市場の移転や施設再編によってもたらされた機能面での向上につ

第1章　園芸生産地域の地域流通市場における機能強化

表1-12　市場の移転・再整備の理由と方法

	移転・整備年	再整備の理由	新施設の確保方法	備　考
SA社	2014年	駐車場の不足 市街地立地の非効率性 コールドチェーンに非対応 施設の老朽化	量販店の集配センターを借用	旧用地にテナント誘致
SB社	2012年	市街地立地の非効率性 施設の老朽化	借入地に新設	旧用地は貸し出し
SC社	2012年	施設の老朽化 水産卸売業者の撤退	旧水産卸売場に移転	旧青果卸売場は返還
SD社	2011年	施設の老朽化 耐震強度の不足 借入金の返済	生協の集配施設を購入	旧用地は売却

資料：ヒアリング（2015年）により作成。

いて検討したい。東部地域の卸売市場のうち2010年代に入って市場移転や市場施設を再整備したものは、**表1-12**にあるように4社となっている。このうちSA・SB・SD社の3社[15]について検討すると、概略は以下のとおりである。

　SA社は2014年まで沼津市の市街地内にあたる丸子町に所在していたが、当時は市場施設の老朽化に加えて以下のような問題点が存在していた。第1に、同社の取扱額に対して駐車場の面積が絶対的に不足しており、このため繁忙時間帯においては卸売場への車両進入を一時的に認めざるを得ないだけでなく、進入すらできない車両が場外の公道上に待機するような状況であった。第2に、旧市場の周辺は住宅地となっているだけでなく、近隣には公立中学校も存在していたが、青果物の搬入・搬出のため車両が昼間のみならず深夜においても出入りしていたことから、青果物市場の立地環境としては不適切であった。第3に、市場で取り扱う青果物を自動車の排気ガスに晒すことを避けるため、2011年から場内で使用するフォークリフトをすべて電動に換えるなどの取り組みをしていたが、前述のとおり市場内に車両の一時侵入を認めざるを得ない環境下では、その効果は認め難かった。そして第4として、これは市場の機能強化とも関連する問題であるが、旧市場においては合

計1,200m^{2}の保冷庫が設置されていたものの、その施設規模では産地から小売店までをつなぐ一貫したコールドチェーンを確立できなかった点があげられる。それに加えて、卸売場への車両進入を認めざるを得ない状況下では、将来的に卸売場全体の低温化を検討したとしても、その実現の可能性は低いといわざるを得なかった。

このような問題点を抱えていた旧市場であったが、2014年7月に沼津市原にあった、それまで地元量販店が集配センターとして使用していた施設を借入[16]し、そこへSA社が移転することによって、問題点の解決が図られることになった。なお、新施設は自社所有ではなく借用となるので賃借料が発生するが、SA社は自社所有の旧市場用地に7億円を投資して賃貸ビルを建設し、そこに企業等をテナントとして誘致することで得られる賃料収入を市場施設の賃借料に充当している。また、新施設の周辺は工場や企業の物流施設が多い地域であるだけでなく、沼津市の市街地から離れていることもあって、旧施設で問題とされた周辺住民の生活環境に対する懸念は払拭されている。物流面についても新施設は国道1号線に隣接しているだけでなく、東名高速道沼津インターチェンジと富士インターチェンジのほぼ中間の地点に位置しているように、青果物の集分荷を行ううえで利便性の高い立地環境にある。

ここでSA社の市場施設の変化について、**表1-13**に基づいて確認したい。まず、用地面積については移転前に11,500m^{2}であったものが、移転後は23,200m^{2}と2.02倍の増加となっている。このため、絶対的に不足していた駐車場も6,958m^{2}から14,489m^{2}と2.08倍にまで拡大し、旧市場最大の問題が解消されている。卸売場については、旧市場の4,976m^{2}が新市場では3,210m^{2}となっているように一見すると0.65倍の縮小と受け止められるが、新市場の保冷・冷蔵施設のうち保冷庫は低温卸売場として使用されていることから、実際の卸売場面積は5,090m^2（1.02倍）となるので移転前の施設規模が維持されている。さらに、保冷庫内には合計4基（530m^2）の冷蔵室が設置され、青果物の一時保管に使用されている。ちなみに、保冷庫は1～6℃、冷蔵室は7～12℃で温度管理がなされている。

第1章　園芸生産地域の地域流通市場における機能強化

表1-13　SA社の市場移転・再整備による施設規模の変化

単位：m²、実数

		施設規模の変化			備　　考
		移転前（A）	移転後（B）	B/A	
用地面積		11,500	23,200	2.02	
卸売場面積		4,976	3,210	0.65	保冷庫を含めれば112.9倍 卸売場はプラットホーム式
保冷・冷蔵施設面積		1,200	2,410	2.01	
	保冷庫面積	1,200	1,880	1.57	保冷庫内は卸売場を兼ねる 7～12℃で管理
	冷蔵室面積	-	530	-	冷蔵室は保冷庫内に4室 1～6℃で管理
トラックゲート		-	9	-	トラックゲートは保冷庫に直結
駐車場		6,958	14,489	2.08	

資料：静岡県資料、ヒアリング（2015年）により作成。
注：面積は推計を含む。

　場内物流については、新施設の卸売場や保冷・冷蔵施設はトラックの荷台と同じ高さのプラットホーム上に設置されることによって、荷の積み卸しにかかる荷役効率が向上するとともに、作業者の労力負担も大きく軽減されている。また、卸売場へは構造的に車両の進入が不可能であるため、旧施設で問題となっていた青果物が排気ガスに晒されるという問題も解消されており、食品としての安全性向上と安心の確保にもつながっている。また、9基のトラックゲートが保冷庫と直結する形で設置されることによって、保冷庫で冷蔵された青果物を常温に晒すことなく保冷車に積載することが可能となり、コールドチェーンの確立にもつながっている。

　このような市場施設の移転・再整備がもたらした効果について確認すると以下のとおりとなる。市場の集荷に関しては、第3節でみたようにSA社の個人出荷者数は市場の移転によって80名の増加となっており、集荷機能の強化に帰結している。また、保冷・冷蔵施設の拡充等による鮮度保持機能の向上に向けた取り組みによって、販売先の量販店数に変わりはないものの1社当たりの購入量が増えただけでなく、新規に顧客となった一般小売店の数も増加している。

　以上、SA社を事例に市場施設の移転に伴う市場機能の強化についてみて

きたが、同社では市街地内にあった市場施設を郊外に移転させることによって、商品の鮮度保持機能の向上、物流効率化や作業者の負担軽減、商品の安全・安心の確保、さらには周辺環境への配慮など、多方面にわたる市場機能の向上が実現されている。

（2）SB社のケース

次に、SB社の移転・再整備について検討したい。同社は2012年に移転しているが、旧市場は三島駅に近い市街地内に立地しており、旧SA社と同じく車両が頻繁に出入りするような場所であったように、市場の立地環境としては決して望ましいとはいえなかった。なかでも、青果物の搬入や搬出に使用される市場施設に面した道路は細いだけでなく一方通行でもあったことから、大型トラックによる搬入が行われる時間帯には市街地内に交通渋滞を引き起こし、地域住民の生活環境悪化の一因ともなっていた。それに加えて当時は取扱額が経年的に減少傾向で推移した結果、2005年には28億円にまで落ち込んでいただけでなく、市場施設の老朽化が進行していたこともあって、一時は廃業を検討したほどであった。

しかし関係者による協議の結果、地域から求められる市場として再生させるという方針が打ち立てられると同時に、課題の多い旧市場からの移転が検討されることになった。移転にあたっては、制約の多い市街地内で業務を行うことを避けるため郊外への移転を検討するとともに、高齢化した個人出荷者の作業負担を軽減させるため、市場そのものを園芸産地に移転するという考え方のもとで候補地の選定が行われた。このことからSB社の移転における特徴として、個人出荷者の出荷作業を容易にすることで地場産野菜の集荷促進を図ることを目的として、市場を市街地から園芸産地へと移動させた点を指摘することができる。候補地の選定作業は2007年から行われていたが、その結果、旧市場から東に5km程度離れた現在地が候補となっている。ちなみに、SB社が移転した三島市市山新田周辺は三島市の東郊にあたり、箱根山の西麓にあたる園芸生産地帯[17]となっている。移転先周辺の生産環境は、

第1章　園芸生産地域の地域流通市場における機能強化

　三島市街に続く標高の低い平坦地から箱根峠に至る標高の高い地域までの広範囲に圃場が広がっており、その高低差を活かすことで長期間にわたる野菜生産が行われている。また、土壌的には火山灰質の傾斜地であることから水はけが良く、また日射条件の良さもあって高品質な野菜[18]の生産が行われている地域でもある。物流面では、新市場は国道1号線沿いに立地しているだけでなく、伊豆縦貫自動車道の三島塚原インターチェンジにも至近という位置にあり、遠隔産地からの集荷に関してもアクセスの良い環境となっている。

　新市場の用地確保にあたっては、候補地は休耕地であったものの20人以上もの地権者がいたことから調整に難航し、最終的に地元不動産業者がとりまとめを行うことで借用が可能となっている。なお、用地は現在でも借入地であり、調整役となった不動産業者を介して地権者に借地料が支払われている。一方で、旧市場用地はSB社の所有のままとなっているが、同用地は三島駅から徒歩で10分もかからないほどアクセスの良い場所にあることから現在は結婚式場として貸し出しており、同社はそこから得られた収入を現用地の借地料等に充当している。なお、SB社は2012年から新たな市場施設で営業を行っているが、この間の移転に要した経費は総計で10億円を超えているとのことであった。

　SB社の移転・再整備に伴う施設規模の変化についてみたものが**表1-14**である。用地面積からみると移転前に5,699m^2であったものが、移転後は10,707m^2と1.88倍の拡大となっている。このため、駐車場も4,853m^2から6,347m^2と1.31倍に拡大しているように、移転前に問題となっていた市場周辺の交通渋滞等も解消されている。卸売場については2,110m^2から3,313m^2と1.57倍に拡大しただけでなく、新市場では新たに2棟のパッケージ棟（626m^2）が設置され、そこにおいて量販店対応に伴うパッキング作業等が行われている。なお、旧市場の冷蔵施設面積は分からないものの、新市場ではより大規模な188m^2の冷蔵庫が導入されている。

　ここで、SB社における移転の効果について確認すると、集荷に関しては

表1-14 SB社の市場移転・再整備による施設規模の変化

単位：m²、実数

	施設規模の変化			備　　考
	移転前（A）	移転後（B）	B/A	
用地面積	5,699	10,707	1.88	
卸売場	2,110	3,313	1.57	
冷蔵施設面積	…	188	…	
パッケージ棟	−	626	−	パッケージ棟は2棟
駐車場	4,853	6,347	1.31	

資料：静岡県資料、ヒアリング（2015年）により作成。
注：…は不詳を示す。

地場産野菜の出荷者数が約500人の増加となったことによって、取扱量ではほぼ倍増する結果となっている。そして、量販店から要望の高い地場産野菜の増加は量販店への販売促進にも結びついており、移転を契機として新たに2社の量販店と取り引きを開始しただけでなく、既存量販店についても供給店舗数の増大がもたらされている。このため、2005年には28億円にまで減少していた取扱額は、移転後の2013年に42億円、2015年は58億円、さらに2016年においては60億円が見込まれるまでに拡大している。

　最後に、SB社の市場移転・再整備によってもたらされた市場機能の強化について確認すると、園芸生産地域への移転による集荷機能の向上、駐車場及び卸売場の拡大による物流機能の向上、さらには冷蔵庫の導入による鮮度保持機能やパッケージ棟の新設による加工機能の向上が実現されている。

(3) SD社のケース

　市場の移転・再整備事例の最後として、SD社について検討したい。同社は2011年まで伊東市の中心ではないものの市街地内である鎌田で営業していたが、同年11月に4kmほど南西に離れた現在地へと移転している。同社の移転理由は、第1に建築から40年以上経過した市場施設の老朽化があげられる。また、旧施設では建築資材にアスベストが使用されており、従業員や市場利用者、さらには周辺住民の健康面に対する悪影響が懸念されていたという事情も存在している。このような状況に追い打ちをかけたのが、これは第2の

第1章　園芸生産地域の地域流通市場における機能強化

表1-15　SD社の市場移転・再整備による施設規模の変化

単位：m²、実数

	施設規模の変化			備　考
	移転前（A）	移転後（B）	B/A	
用地面積	5,651	2,071	0.37	
卸売場	2,391	1,136	0.48	卸売場はプラットホーム式
駐車場	2,496	526	0.21	

資料：静岡県資料、ヒアリング（2015年）により作成。
注：…は不詳を示す。

　移転理由にもなるが2011年3月の東日本大震災の発生であり、同地震によって旧市場施設の耐震強度の不足が問題として顕在化し、早急な対策が求められた点が指摘されている。そして、第3の理由としてはSD社の経営状況があげられる。具体的には、経年的な取扱額の減少によって銀行等からの借入金が増加しただけでなく、2011年当時はその返済計画すら立てられない状況に陥っていた。

　そこで、SD社はこれらの課題を解消するため、旧市場用地を売却[19]することで得られた資金を用いて借入金を返済するとともに、地元生協が使用していた築後約20年の集配センターを居抜きで購入し、新たな市場施設として使用することになった。SD社ではこのような方法によって、新たに借入金を借りることなく市場の移転・再整備が実現されている。

　SD社の市場移転・再整備に係る施設規模の変化については**表1-15**のとおりである。一見して分かるとおり、規模的には大幅な縮小[20]となっている。具体的には、用地面積は5,651m²から2,071m²へと0.37倍に、卸売場も2,391m²から1,136m²と0.48倍に、駐車場に至っては2,496m²の0.21倍に過ぎない526m²にまで縮小している。このため同社では、既に量販店対応でみたように「トラックから卸売場への荷下ろし→カーゴへの仕分→トラックへの積載」という一連の作業を1晩の間に複数回行う必要が生じており、作業者の作業時間も長時間に渉ってしまうという旧市場にはなかった課題が発生している。しかし、新たな市場施設は生協の集配センターとして使用されていたことも

45

あって、卸売場はトラックでの搬入及び搬出を前提とした横付け可能なプラットホーム構造となっており、このため作業者の荷役に係る労力負担は軽減され、作業効率も向上したとしている。また、詳細な施設規模は不明であるものの生協の集配センター時代には日配品等も扱っていた関係から、新市場の冷蔵施設は旧市場より大型のものが設置されており、調査時現在におけるSD社の取扱量では必要にして十分な規模となっている。また上記以外にも新市場では、食品倉庫やパッキング等を行う作業スペースも確保されている。

このように、SD社は旧市場の敷地を売却することで生協の集配センターを購入し、それを新たな市場施設とすることで旧市場時代に抱えていた問題を克服している。同社の新しい市場施設においては、施設規模が小さくなるとともに作業者の作業時間の長期化という新たな課題はあるものの、市場における物流効率化や作業負担の軽減、商品の鮮度保持や保管機能、さらには加工機能の強化がもたらされている。

以上、本節においてはSA・SB・SD社を事例に市場の移転・再整備に伴う市場機能の強化について検討してきたが、その結果、地域流通を維持していくために求められる集荷機能や保管機能、加工機能、物流機能等が強化されたことが確認できた。

第6節　小　括

本章においては園芸生産が比較的盛んであるとともに、首都圏への通勤圏として人口集積が進みつつある静岡県東部地域内の6つの地方卸売市場を事例として、各市場の卸売業者における集分荷や市場の移転・再整備の実態を明らかにしたうえで、これら業者が展開してきた市場機能の強化に向けた取り組みについて検討してきた。その結果について確認すると概略は以下のとおりとなる。

東部地域の卸売市場はその多くが戦前段階に起源を持つものであり、これ

第1章　園芸生産地域の地域流通市場における機能強化

らは同地域の人口が増加するとともに、園芸産地として成長していくなかで設立されてきたものと考えられる。これら市場の現在における性格は基本的に消費地市場であるが、一部にはかつて産地集荷市場としての性格を併せ持っていたものも存在していた。

　卸売業者の集荷については、比較的規模の大きな卸売業者は農協系統組織を中心に個人出荷者や商系等を組み合わせた集荷が行われていたが、規模の小さな卸売業者に関しては転送に依存する傾向の存在が確認できた。しかし、市場周辺で園芸生産が盛んに行われていることもあって、市場の取扱規模に係わらず個人出荷者からの集荷は一定割合を占めており、地場産野菜は各市場の集荷面において重要な位置付けとなっていることが確認できた。

　個人出荷者からの集荷にあたっては巡回集荷が行われるケースも多く、6社のうち4社が何らかの形で集荷に赴いていた。特に、取扱規模が大きく個人出荷者からの集荷量も多いSA社については、東部地域内に14箇所の集荷ポイントを設置することによって広範囲からの集荷を図るなど積極的な対応がとられていた。そして、巡回集荷の実施は個人出荷者の出荷に係る労力や時間を軽減させるだけでなく、市場の集荷促進にもつながることから、市場の集荷機能の強化がもたらされる結果となっていた。

　同地域の卸売市場では、地場産野菜の集荷において通いコンテナが活用されるケースも多く、SE社を除く5社の卸売業者で使用されていた。また、卸売業者のなかには通いコンテナを30年以上前に導入したものが存在していたように、同地域ではコンテナが比較的早い段階から活用されていた可能性が高い。そしてその背景には、地域内の個人出荷者が地元市場に出荷するだけでなく、そこで青果物を調達する小売業者も地域内に存在していることで形成される「地域完結型流通」の広汎な存在が考えられる。そして、通いコンテナの活用により出荷者の作業負担の軽減や効率化、さらには出荷経費の削減等がもたらされているように、同取り組みは巡回集荷と併せて市場の集荷機能強化の一因ということができる。

　市場の取引においては、現在でもセリによって価格形成が行われるケース

が多いという特徴があり、なかには会社の方針としてセリ取引を重要視している卸売業者も存在していた。

　続いて卸売業者の分荷については、調査対象のうち仲卸制度のある市場では仲卸業者を中心に販売していたが、それ以外については量販店や一般小売店等が主たる販売先となっていた。このうち、量販店に販売しているのは比較的規模の大きな卸売業者となっており、小規模層については一般小売店のウエイトが高くなっていた。また、調査対象で青果物を購入する量販店には、市場に入荷する地場産野菜の調達を目的とするという特徴があった。そして、販売先となる量販店の店舗や一般小売店の所在地については、東部地域にほぼ限定されていた。この点と集荷において個人出荷者からの集荷率や県産品割合が比較的高かったという傾向を踏まえるならば、調査対象が属する市場は地域流通市場としての性格の強いものであることが確認できた。

　市場の分荷面における機能強化をみるならば、量販店に対し青果物を直接的に販売する卸売業者においては、量販店との取引開始を契機として仕分・配送・パッキング等の作業が担われるようになっており、市場における分荷機能や加工機能、物流機能の拡充がもたらされていた。

　最後に、同地域の卸売業者のなかで市場の立地環境や施設の老朽化等を理由として市場施設の移転・再整備を行ったものについては、それを契機として①出荷者の増大による集荷機能の強化、②場内導線の整備やプラットホームの設置による場内物流機能の向上、③保冷・冷蔵施設の拡充による保管機能の向上、さらには④パッキング等に供する加工施設の設置による加工機能の強化がもたらされていた。

　以上、静岡県東部地域の地域流通市場においては、卸売業者が展開する各種の取り組みによって集分荷に係る諸機能の強化が図られていた。そして、このような機能強化は、地域農業の活性化や地域流通を維持・継続していくうえにおいて有利に作用することは明らかであろう。しかし、冒頭でも述べたように青果物の生産・流通環境は経年的に厳しさを増しており、本章でみた機能強化は、あくまでも地域農業を販売面から側面的に支援するに過ぎな

第1章　園芸生産地域の地域流通市場における機能強化

いものでもある。このため、将来的に都市近郊農業を維持・継続していくためには、卸売市場の活性化に加えて解決すべき課題が数多く残されていることを指摘しておきたい。

注
1）静岡県の地域区分は本章の対象地域である東部地域以外に、静岡市を中心とする中部地域（旧駿河国の西半分に該当）と浜松市を中心とする西部地域（旧遠江国に該当）が存在している。
2）静岡県庁資料による。なお、調査対象市場の取扱額については合計196億200万円であり、同地域における市場取扱額の98.3％を占めている。
3）表1-4の個人には出荷組合名義のものが含まれているが、その理由としては、出荷組合の場合も出荷者自身によって市場に搬入され、評価及び精算も出荷者ごとに行われるなど実質的に個人出荷と異ならないことによる。
4）各市場の登録出荷者数は、一度出荷者として登録されると農業からリタイヤしたり、あるいは物故者となっても削除されるとは限らないことから、実際に出荷実態のある出荷者よりも多くなっている。
5）みかん等柑橘類の生産は、水はけと日当たりの良い山の斜面で行われるケースが多く、このため静岡県東部地域のなかでは伊豆半島で比較的盛んに行われている。
6）2015年における三島市内青果物卸売業者の経営破綻に伴う個人出荷者の増加は、同じく地理的に近い関係にあるSA社やSC社においても確認されている。
7）静岡県産品の割合は静岡県庁のデータによる。このうち、SE社の県産品割合については野菜74.1％、果実65.7％と高くなっているが、同社の転送集荷率が75％であり、なおかつ転送品は都内拠点市場等から買い付けていることを踏まえるならば、同数字は多分に疑わしい。同社の県産品割合については、個人出荷者の出荷品に占める県産品割合が、誤って記入された可能性が高いと推測される。
8）現在、巡回集荷を行っている4社以外に、かつてはSD社及びSE社も実施していたが、荷が計画どおり集荷できないことや生産者のリタイヤによる集荷量の減少等を理由として廃止している。
9）静岡県東部地域の卸売市場で通いコンテナの使用割合が高くなっているのは、1980年代に実施された農林水産省の補助事業によるところが大きい。また、櫻井（2013）では多くの市場でコンテナによる集荷システムが廃止に追い込まれた点が指摘されているが、同地域の場合は後述するように、現在に至るまで比較的継続される傾向にある。
10）通いコンテナの利点については、藤田（2000）のp.51においても検討されてい

る。
11) SC社は数年前まで30円/コンテナ/回の使用料のうち5円/コンテナ/回を将来の補充費として積み立てていたが、調査時現在では将来的に補充を継続するかどうかが不透明であることを理由として中止している。
12) SD社の販売先である関連流通業者は、SD社が地元の学校給食に食材を納入することを目的として設立したものである。その背景には、2013年にSD社の販売先であった学校給食への納品を行う納品業者が廃業するとともに、他の小売業者等が新たに給食への納品を行うことに難色を示したことがあげられる。ただし、同関連流通業者の職員はSD社の職員が兼ねているように、関連流通業者による学校給食への納品は、実態としてはSD社による直接販売である。
13) MVは静岡県内に拠点を置く地域スーパーが1997年に経営破綻した際に、それを大手量販店が買収し、新たに大手量販店系の食品スーパーとして再編されたものである。
14) 木村（1997）のpp.36～37にあるように、中央卸売市場においては仲卸業者が量販店対応の深化に伴って、仕分け、配送、加工・パッキング等の各種機能を拡充させていった点が指摘されている。
15) SC社は2012年に市場施設を更新しているが、この場合は単に老朽化した市場施設を取り壊し、その隣接地に新しい施設をほぼ同じ規模で立て直したというべき内容のものである。このような措置が執られた理由としては、同社が入場する市場の民営化に際して水産物卸売業者が富士市内の田子の浦港に移転するとともに、旧市場の敷地約6,600m^{2}のうち半分の3,300m^{2}を富士市に返還する必要が生じたことによる。このため、SC社は老朽化していた旧青果物売場を取り壊してその用地を市に返還する一方で、旧水産売場に青果物の新たな市場施設を建設している。このような施設整備には約6億円の経費が必要となったが、このうち市からは2億1,000万円の補助が行われている。また、旧市場時代の管理棟は整備後も継続して使用されているが、老朽化を理由として市から無償でSC社へと譲渡されている。市場用地については民営化後も市から借用しているが、その借地料は2012年からの5箇年間は同地域の一般的な相場の20％に設定されており、その後も3箇年毎に見直しながら、施設整備費の償還終了が見込まれる2037年以降に通常の相場とすることが予定されている。
16) SA社の新市場となった集配センターを使用していた量販店は、2010年に食品スーパー部門を大手量販店に売却しているが、それに伴って食品スーパーの集配センターも大手量販店の施設を共用することになった。このため、2014年当時は旧集配センターの施設は使用されておらず、その賃貸先が求められていた。
17) 三島市市山新田は野菜生産の盛んな地域であることから、SB社は市場の移転

前である2008年に、生産者の出荷を容易にするため同地に冷蔵集荷場を設置していた。そして、同施設は市場が移転する時まで使用されていた。
18）三島市から箱根峠にかけての地域は高品質野菜の産地とされており、このため三島市は2012年から三島函南農協等と協力しながら、「箱根西麓三島野菜」としてブランド化を進めている。なお、箱根西麓三島野菜については木村（2018）を参照されたい。
19）調査時現在、SD社の旧市場用地は大手家電量販店の店舗として使用されている。
20）このように施設規模が縮小しながらも市場の移転が可能となった背景には、SD社の取扱額の減少があげられる。具体的には、同社の最盛期であった1990年代に30億円近くあった取扱額は、2013年になると7億7,100万円にまで減少していることから、移転により市場施設が縮小されても物量を捌くことが可能となっている。

参考文献

木村彰利（1997）「青果物仲卸業者の階層構造と機能変化―大阪市中央卸売市場本場を事例として―」『農業市場研究』6（1）：33-42。

木村彰利（2018）「少量多品目の生産を生かした地域野菜のブランド化―箱根西麓三島野菜を事例に―」『野菜情報』Vol.169：38-48。

櫻井清一（2013）「野菜流通におけるコンテナ利用の現段階―多段階の流通システムを横断した普及に向けて―」『野菜情報』Vol.110：30-36。

藤田武弘（2000）『地場流通と卸売市場』農林統計協会。

第2章

都市近郊の地域流通市場における機能強化

第1節 はじめに

　都市近郊に立地する中小規模の青果物市場の現状についてみるならば、集荷に関しては周辺農地の減少や生産者の高齢化及び減少に加えて、農産物直売所の設置等による集荷基盤の縮小があげられ、販売については従来からの販売先である一般小売店等の減少に伴う販路の縮小によって、市場の集分荷の基盤が脅かされるという状況下にある。このため都市近郊の卸売市場が置かれた状況は、経年的に厳しくなりつつある。

　その一方で、新鮮な地場産青果物を希求する消費者や量販店等が広範に存在していることもあって、地場産青果物の流通機構として都市近郊の卸売市場は不可欠な機能を果たすだけでなく、その長期的な存続が求められていることも確かであろう。このため実際の流通現場においては、量販店等への販路拡大に向けた機能強化を目的とする各種取り組みの実施が想定されるところである。

　上記を踏まえて、本章においては神奈川県湘南地域等に設置された8つの地方卸売市場で営業を行う9社の卸売業者を事例に、これらの集分荷の概要について確認した後、卸売業者が個人出荷者等からの集荷を促進するとともに、量販店等に販売していくために求められる市場機能の強化に向けた取り組みについて検討することを課題とする。併せて、卸売業者による市場施設の更新や、市場ブランドの確立に向けた取り組みの推進によってもたらされ

た市場機能の向上についても検討したい。なお本章の調査対象には、第2節でみるように狭義の湘南地域に加えて小田原市や鎌倉市の卸売業者も含まれていることから、その地域呼称も「湘南地域等」と表記する。

第2節　神奈川県湘南地域等と調査対象卸売業者の概要

（1）神奈川県湘南地域等の概要

　調査対象についてみるまえに神奈川県の地域区分の1つである湘南地域について確認するならば、**表2-1**にあるように同地域には5市と高座郡（1町）及び中郡（2町）が含まれている。また、本章で検討する卸売業者には湘南地域以外のものが含まれており、具体的には県西地域の小田原市と横須賀三浦地域となる鎌倉市の卸売業者である。しかし、小田原市及び鎌倉市はいずれも湘南地域に隣接しているだけでなく、両市の住民は一般的に自身の居住地域を「湘南地域」と認識している[1]など、これら2市は湘南地域との共通性が高い地域ということができる。

　湘南地域等は**図2-1**で示すように一大都市である横浜市の西側に隣接するだけでなく、JR東海道線や東海道新幹線が東西に貫通していることもあって東京都を含む首都圏各所への通勤圏内となっており、このため人口は166万人であることに加えて人口密度も2,765人/km^{2}というように、総じて都市化が進展した地域ということができる。その一方で、同地域等の総土地面積60,360haのうち、耕地面積は9,057ha（15.0％）、経営耕地総面積では4,680ha（7.8％）を占めているように、神奈川県全体と比較して同地域等は農地が確保されている。

　経営耕地総面積に占める地目の構成をみると田が33.2％、畑が22.9％、樹園地が22.6％となっている。これを全国と比較した場合、同地域等は総じて田と畑の割合が低くなる一方で、樹園地が高いという傾向が確認できる。これを郡市別にみると、比較的平坦地が多い平塚市や伊勢原市では田の構成比が高く、畑については大消費地である横浜市に隣接しているだけでなく人口

第2章 都市近郊の地域流通市場における機能強化

表2-1 神奈川県湘南地域等の人口及び耕地面積等（2015年）

単位：千人，人，人/km², 千ha, ha, %

	総人口	人口密度	実数					構成比					
			総土地面積	耕地面積				総土地面積	耕地面積		経営耕地総面積		
				経営耕地総面積							計	田	畑	樹園地
					計	田	畑	樹園地			計	田	畑	樹園地
全国	128,226	339	37,797	4,496	3,451	1,947	1,316	188	100.0	11.9	9.1	56.4	29.3	5.5
神奈川県	9,116,666	3,774	241,583	19,600	11,262	2,683	6,345	2,234	100.0	8.1	4.7	23.8	32.4	19.8
湘南地域等	1,669,076	2,765	60,360	9,057	4,680	1,553	2,071	1,056	100.0	15.0	7.8	33.2	22.9	22.6
湘南地域	1,296,265	2,880	45,012	7,112	3,551	1,242	1,834	475	100.0	15.8	7.9	35.0	25.8	13.4
藤沢市	423,246	6,084	6,957	901	679	108	464	107	100.0	13.0	9.8	15.9	51.5	15.8
茅ヶ崎市	240,428	2,113	11,381	1,840	262	43	199	21	100.0	16.2	2.3	16.4	10.8	8.0
平塚市	258,065	3,805	6,782	1,510	1,033	622	385	27	100.0	22.3	15.2	60.2	25.5	2.6
伊勢原市	99,536	1,792	5,556	1,110	680	313	256	111	100.0	20.0	12.2	46.0	23.1	16.3
秦野市	164,366	1,584	10,376	1,130	595	98	380	116	100.0	10.9	5.7	16.5	33.6	19.5
高座郡	48,092	3,605	1,334	236	124	43	70	10	100.0	17.7	9.3	34.7	29.7	8.1
寒川町	48,092	3,605	1,334	236	124	43	70	10	100.0	17.7	9.3	34.7	29.7	8.1
中郡	62,532	2,381	2,626	385	178	15	80	83	100.0	14.7	6.8	8.4	20.8	46.6
大磯町	33,051	1,924	1,718	267	119	14	54	51	100.0	15.5	6.9	11.8	20.2	42.9
二宮町	29,481	3,247	908	118	59	1	26	32	100.0	13.0	6.5	1.7	22.0	54.2
県西地域	195,353	1,716	11,381	1,840	1,073	307	189	577	100.0	16.2	9.4	28.6	10.3	53.8
小田原市	195,353	1,716	11,381	1,840	1,073	307	189	577	100.0	16.2	9.4	28.6	10.3	53.8
横須賀三浦地域	177,458	4,473	3,967	105	56	4	48	4	100.0	2.6	1.4	7.1	45.7	7.1
鎌倉市	177,458	4,473	3,967	105	56	4	48	4	100.0	2.6	1.4	7.1	45.7	7.1

資料：『平成27～28年神奈川農林水産統計年報』より作成。

図2-1　神奈川県湘南地域等の概要

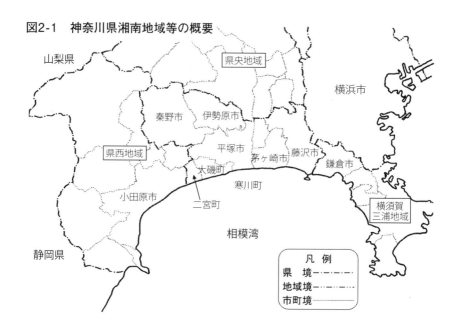

密度も比較的高い藤沢市や鎌倉市で高くなっている。また、果樹園については同地域等の西側にあたる小田原市や中郡で高い傾向にある。

　次に、湘南地域等の農業経営について**表2-2**に基づいて確認したい。同地域等には5,369の農業経営体があり、うち4,623が販売を行っている。また、単一経営経営体は3,144となっているが、このうち稲作を中心とするものは20.8％であるのに対し、露地及び施設を合わせた野菜が31.8％、果樹類では30.4％を占めている。このことから、全国と比較して同地域等は野菜や果樹類の構成比が高く、園芸生産が盛んな地域であることが確認できる。これを郡市毎にみるならば、水田の構成比が高かった平塚市では稲作が46.3％を占める一方で、鎌倉市や茅ヶ崎市、藤沢市では野菜の構成比が高く、野菜に特化した生産が行われている。また、果樹類については小田原市や中郡で高くなっているように、同地域等の西部は果樹生産が盛んな地域ということができる。

　以上みてきたように、湘南地域等は大都市である横浜市に隣接してい るこ

第2章　都市近郊の地域流通市場における機能強化

表2-2　神奈川県湘南地域等の農業経営体（2015年）

単位：1,000×実数、実数、％

	実数							構成比						
	農業経営体数	販売のあった経営体	単一経営経営体	稲作	露地野菜	施設野菜	果樹類	農業経営体数	販売のあった経営体	単一経営経営体	稲作	露地野菜	施設野菜	果樹類
全国	1,377	1,245	990	627	77	42	124	100.0	90.4	71.9	63.3	7.8	4.3	12.5
神奈川県	13,809	11,616	8,429	1,320	3,328	318	2,160	100.0	84.1	61.0	15.7	39.5	3.8	25.6
湘南地域等	5,369	4,623	3,144	655	814	184	955	100.0	86.1	58.6	20.8	25.9	5.9	30.4
湘南地域	4,026	3,376	2,190	447	715	171	393	100.0	83.9	54.4	20.4	32.6	7.8	17.9
藤沢市	718	591	416	22	196	43	45	100.0	82.3	57.9	5.3	47.1	10.3	10.8
茅ヶ崎市	350	287	189	9	125	16	19	100.0	82.0	54.0	4.8	66.1	8.5	10.1
平塚市	1,115	929	577	267	139	59	17	100.0	83.3	51.7	46.3	24.1	10.2	2.9
伊勢原市	665	584	383	96	68	14	148	100.0	87.8	57.6	25.1	17.8	3.7	38.6
秦野市	754	621	372	37	104	16	84	100.0	82.4	49.3	9.9	28.0	4.3	22.6
高座郡	174	152	100	11	37	7	8	100.0	87.4	57.5	11.0	37.0	7.0	8.0
寒川町	174	152	100	11	37	7	8	100.0	87.4	57.5	11.0	37.0	7.0	8.0
中部	250	212	153	5	46	16	72	100.0	84.8	61.2	3.3	30.1	10.5	47.1
大磯町	160	134	100	5	28	16	44	100.0	83.8	62.5	5.0	28.0	16.0	44.0
二宮町	90	78	53	0	18	0	28	100.0	86.7	58.9	0.0	34.0	0.0	52.8
県西地域	1,271	1,184	909	207	64	8	562	100.0	93.2	71.5	22.8	7.0	0.9	61.8
小田原市	1,271	1,184	909	207	64	8	562	100.0	93.2	71.5	22.8	7.0	0.9	61.8
横須賀三浦地域	72	63	45	1	35	5	0	100.0	87.5	62.5	2.2	77.8	11.1	0.0
鎌倉市	72	63	45	1	35	5	0	100.0	87.5	62.5	2.2	77.8	11.1	0.0

資料：『平成27～28年神奈川農林水産統計年報』より作成。

ともあって都市化が進展しながらも、都市近郊という立地環境もあずかって、野菜や果樹などの園芸生産が広く行われる地域ということができる。

(2) 調査対象卸売業者の概要

　本章の検討対象となった卸売業者の概要について取扱規模順にまとめたものが表2-3であり、その所在地を示したものが図2-2である。なお、同表は原則として取扱額の大きな業者から順に並べているが、KC社についてはKB社と同じ市場に属していることからKB社の次に配置している。調査対象はKA社からKI社までの計9社であり、このうち湘南地域にある6社については全社[2)]を訪問している。それ以外の地域では、KB及びKC社が県西地域、KI社が横須賀三浦地域となっている。また、これら業者の属する市場はいずれも地方卸売市場であり、KB及びKC社が入場する市場が公設市場となっている以外は、全て民設民営市場である。以下においては、煩雑ではあるが

図2-2　調査対象卸売業者の所在地

第2章　都市近郊の地域流通市場における機能強化

表2-3　卸売業者の概要

単位：百万円、年

	所在地	取扱額	開設年	備考
KA社	藤沢市稲荷	6,614	1981	1972年に公設中央卸売市場として設立 2007年に地方市場に転換 2012年民営化・現卸売業者（横浜本場卸売業者）が入場 （旧卸売業者は名目のみ存続、開設者を兼ねる） 同年、ブランド化を本格化し、市場施設を更新
KB社	小田原市酒匂 （県西地域）	4,142	1972	KC社と同一市場で営業 1972年の公設市場開設時に市内3市場の合併により設立 2015年、ブランド化開始
KC社	小田原市酒匂 （県西地域）	1,857	1972	KB社と同一市場で営業 1972年の公設市場開設時に市内の消費地市場が移転 2015年、ブランド化開始
KD社	平塚市四之宮	2,880	1980	元になった消費地市場は1927年に設立 現在のKD社は1980年に3市場の合併により設立 市場内に関連会社2社あり
KE社	秦野市曽屋	1,036	1972	1972年以前から消費地市場として存在 1972年に会社組織となる（本社は相模原市） 2010年に市場施設を更新
KF社	茅ヶ崎市高田	929	1942	1942年に消費地市場として設立 幾度かの移転を経て、1968年に現在地に移転 場内に青果物流通業者が2社あり
KG社	伊勢原市下糟屋	778	1922	1936年に地元小売業者の出資により消費地市場として設立 1940年と1955年に移転し、1968年から現在地で営業
KH社	秦野市上大槻	447	1966	1964年に平塚市内の米穀卸売業者が食品小売市場を設置 1966年に小売市場に併設する形で消費地市場を設置 2011年に本社から独立し、KH社設置 本社は量販店を経営
KI社	鎌倉市梶原 （横須賀三浦地域）	278	1980	1981年に旧青果市場を継承してKI社が設立 1982年に現在地へ移転 2012年、ブランド化開始

資料：神奈川県資料、ヒアリング（2015年）により作成。
注：取扱額は2013年の実績である。

個々の卸売業者について確認したい。

KA社は藤沢市稲荷にある取扱額66億1,400億円の卸売業者であり、同社は横浜市中央卸売市場の卸売業者の支社という位置付けとなっている。同社が入場する市場は1981年に中央卸売市場として設置されているが、2007年に公設地方卸売市場へと転換し、さらに2012年には民設市場となって現在に至っている。なお、同市場では市場設立時から2012年までの間は別の卸売業者が

営業活動を行っていたが、同社の業績不振を理由として2012年にKA社が入場している。また、KA社は2012年に市場施設の全面的な更新を行うとともに、旧卸売業者が手がけていた市場ブランド確立に向けた取り組みを本格化させている。

　KB社とKC社は小田原市酒匂にある公設地方卸売市場の卸売業者である。このうち、KB社は1972年の市場開設時に3社の既存卸売業者の合併によって設立されており、2013年現在の取扱額は41億4,200万円となっている。また、同社はKC社等とともに2015年から市場で取り扱う青果物のブランド化に向けた検討を始めている。

　同じくKC社は取扱額18億5,700万円の卸売業者であり、1972年の市場開設時に小田原市内の他所から移転し、現在の市場に収用されたという経緯がある。

　KD社の前身となった市場は1927年に消費地市場として設立されており、さらに後年となる1980年には平塚市内3市場の合併によって現在のKD社が設立されている。現在のKD社は平塚市四之宮にあり、取扱額は28億8,000万円である。また、同社は市場内に2社の関連会社を設置しているが、このうち1社は1988年に設立された野菜の輸入等を行う商社であり、もう1社については1989年に設立された運送業者となっている。ただし、関連会社の職員はKD社の職員が兼ねていることから明らかなように、これら2社はいわゆる名目的な存在というべきものである。

　KE社は取扱額10億3,600万円の卸売業者であり、秦野市曽屋に所在している。同社の設立時期は明らかでないが、少なくとも1972年には現在地において、消費地市場として活動を行っていた。また、1972年には会社組織に転換しているが、その際に相模原市内の卸売業者の支社となっている。なお、同社は2010年に市場施設の全面更新を行っている。

　KF社は茅ヶ崎市高田にある取扱額9億2,900万円の卸売業者である。同社は1942年に消費地市場として設立され、その後は幾度かの移転を経た後、1968年から現在地で営業活動を行っている。なお、同社の市場内には、テナ

ントとして2社の青果物流通業者が入っている。同社の施設は1968年当時のものが使われており、老朽化が顕著である。

　KG社は伊勢原市下糟屋にある取扱額7億7,800万円の卸売業者である。同社は1936年に、地元の青果物小売店の出資によって設立されていることから明らかなように、小売店が効率的な仕入を実現するために設置されたという経緯がある。また、同社の施設はKF社と同じく老朽化が顕著である。

　KH社は秦野市上大槻にある取扱額4億4,700万円の卸売業者である。同社は1966年に、平塚市内の米穀卸売業者が現在地に設置していた食品小売市場に併設する形で設立されている。その後、小売市場は廃場となったが卸売市場については存続し、2011年には本社からKH社が分離独立する形で現在に至っている。同社の施設も1966年当時のものであることから老朽化が著しい。なお、同社の旧本社は現在、多角化した業務の一環として食品スーパーの経営も行っている。

　最後のKI社は、年間取扱額2億7,800万円と調査対象中最小規模の卸売業者である。同社は1981年に、鎌倉市内にあった他の卸売業者の経営を継承する形で設立されており、その翌年、鎌倉市から補助を受けて鎌倉市梶原に設立された現施設へと移転している。また、同社は2012年より、市場ブランドの確立に向けた取り組みを行っている。

　以上が調査対象卸売業者の概要であるが、湘南地域等は園芸生産が盛んなこともあって、前掲の図2-2で示したように、東西に長い地域に多数の青果物市場が設置されている。そして、これら卸売業者のうち市場ブランドの確立に向けた取り組みを行っているのがKA・KB及びKC・KIの4社（3事例）となっている。また、市場施設の更新についてはKA・KEの2社が、2010年以降に市場施設の全面的な更新を行っている。

第3節　卸売業者の集荷概要と機能強化

(1) 卸売業者の集荷概要

1) 卸売業者の出荷者構成

　本節においては、卸売業者の集荷の概要について確認した後に、それと関連した市場の機能強化の取り組みについて検討したい。

　最初に集荷概要からみると**表2-4**のとおりである。同表から調査対象の出荷者構成を確認すると、いずれも複数の業態を組み合わせた集荷を行っており、その対象は個人出荷者、商系、農協系統組織、他市場からの転送に大別されている。

　個人出荷者の構成比から確認すると、KC社の10%からKI社の60%というように、卸売業者によって大きな違いが生じている。このうち、KC社は10%と調査事例中最も低い割合となっているが、同社と同一市場で集荷を行うKB社については35%と高い傾向にあることを踏まえるならば、両社が入る市場周辺の個人出荷者の多くはKB社を出荷先としていると考えられる。KB及びKC社以外の調査対象における個人出荷者からの集荷割合をみるならば、業者の取扱規模が小さいほど個人出荷者の構成比が高い傾向にある。なお、同表の個人出荷者には出荷組合名義のものが含まれており、なかには市場に出荷する個人出荷者を取りまとめて1つの出荷組合とするKB社やKF社、同じく個人出荷者を協議会員として組織化するKA社のような卸売業者も存在している。しかし、これらについては出荷組合等の名義であったとしても、実質的には個人出荷というべきものである。

　さらに、個人出荷者の詳細についてみたものが**表2-5**である。出荷者数からみると、出荷実態のある出荷者はKF社の30人からKA社の130人というように、取扱額の違いもあって大きな相違が生じている。なお、これら出荷者の多くは高齢化しており、後継者も確保されていないケースが多い。個人出荷者の所在地について確認すると、概ね市場所在市及びその周辺市町となっ

第 2 章　都市近郊の地域流通市場における機能強化

表 2-4　卸売業者の集荷概要   単位：％

	出荷者構成				委託集荷率	神奈川県産率	選別基準	巡回集荷	コンテナ利用	備　　考
	個人	商系	農協	他市場	合計						

	個人	商系	農協	他市場	合計	委託集荷率	神奈川県産率	選別基準	巡回集荷	コンテナ利用	備　　考
KA社	15	41	27	17	100	60	20	有	無	有	
KB社	35	10	50	5	100	80	20	有	有	無	出荷組合は実質的に個人
KC社	10	5	10	75	100	25	20	無	無	無	
KD社	18	37	5	40	100	60	30	有	無	有	
KE社	20	10	0	70	100	80	25	無	無	無	転送元は相模原市の本社
KF社	20	30	5	45	100	20	20	無	無	有	場内業者（商系）からの購入は20％
KG社	20	30	0	50	100	35	30	無	無	無	近年は農業法人が増加
KH社	32	3	0	65	100	32	40	無	有	無	
KI社	60	0	0	40	100	60	50	有	無	有	

資料：ヒアリング（2015年）により作成。
注：1）構成比は金額に基づく概数である。
　　2）個人は出荷組合を含む。

表 2-5　卸売業者の個人出荷者からの集荷   単位：人

	出荷者数	出荷者の所在地	備　　考
KA社	130	藤沢市、茅ヶ崎市、三浦半島等	出荷者の大部分はKA社により協議会として組織化
KB社	70	茨城県、南足柄市、秦野市、中井町、小田原市等	茨城県は出荷組合名義 市場周辺の出荷者はKB社により出荷組合として組織化
KC社	40〜50	小田原市、大磯町、秦野市等	小田原市内は70％ 出荷組合名義を含む
KD社	60	平塚市、小田原市、三浦市等	
KE社	50〜100	秦野市、平塚市、小田原市、中井町、伊勢原市等	秦野市内は60％ 夏場と冬場で出荷者数は異なる
KF社	30〜50	茅ヶ崎市、藤沢市等	茅ヶ崎市内は90％ 出荷者はKF社により1つの出荷組合として組織化
KG社	50	伊勢原市、平塚市、秦野市、厚木市等	伊勢原市は50％
KH社	60	秦野市、平塚市、伊勢原市、小田原市等	秦野市は40％ 平塚・伊勢原市は各20％ 小田原市内は10％
KI社	60〜70	藤沢市、茅ヶ崎市、三浦市等 遠方では和歌山県、北海道等	登録では270人であり、うち70名は2015年の新規登録 藤沢市と茅ヶ崎市で40％

資料：ヒアリング（2015年）により作成。
注：1）出荷者数は出荷実態のある出荷者である。
　　2）出荷者数・割合は概数である。

ている。しかし、KB社に関しては茨城県内からの集荷量も多く[3]、市場周辺に限定しても市場所在地である小田原市より南足柄市や秦野市、中井町の方が多いという傾向がある。調査事例中最小規模のKI社においては、市域の狭い鎌倉市よりも同市に比較的近い藤沢市や茅ヶ崎市、三浦市等からの集荷が中心的となっているが、一部には和歌山県や北海道も含まれているように、個人であっても遠隔地からの集荷が行われていることが確認できる。

　以上、個人出荷者の所在地等について確認したが、一部に遠隔地を含みながらも概ね市場周辺の生産者が中心となっているように、調査対象の集荷面に関しては、地域流通市場的な性格を持つ市場と位置付けられる。

　再び**表2-4**に戻って商系からの集荷について確認すると、卸売業者によってその傾向に相違が生じている。例えば、KA社やKD社においては集荷の4割近くが商系から行われており、KF社やKG社でも3割を占めているように、これら業者の集荷において商系は大きな位置付けとなっている。具体的にみると、KA社は北海道内の集出荷業者からジャガイモやタマネギを集荷するとともに、茨城県や群馬県の業者からも多品目の野菜が集荷されている。同じくKD社は北海道や茨城県内、KE社では北海道、長崎県、千葉県等の集出荷業者から集荷が行われている。KF社については他と異なっており、同社の30％を占める商系のうち集出荷業者は10％に過ぎず、残りの20％はKF社の市場にテナントとして入る青果物流通業者から調達[4]したものである。

　農協系統組織からの集荷については、KB社で50％、KA社で27％となっている以外はいずれの構成比も低いだけでなく、農協から直接的に集荷していない業者も4社存在している。農協からの集荷率の高いKB社についてみると、同社は神奈川湘南地域等に比較的近い山梨県や静岡県内の農協から集荷しているだけでなく、ジャガイモやタマネギについては北海道内の農協の構成比が高くなっている。KA社の場合は主として市場に近い藤沢市や茅ヶ崎市を管轄する農協から集荷しているように、地元農協の構成比が高いという特徴がある。農協からの集荷率が10％を占めるKC社も北海道内の農協に加えて、県内農協からイチゴを集荷している。このように、卸売業者の集荷において

第2章　都市近郊の地域流通市場における機能強化

農協の位置付けは業者毎に異なっているが、農協から直接集荷を行う卸売業者は比較的規模の大きなものに限定されている。

　集荷の最後として他市場からの転送についてみるならば、KB社とKA社の割合が低いことを除けば、概して転送集荷率は高くなっている。特に、KC社（75％）、KE社（70％）、KH社（65％）の3社の構成比は高く、集荷において転送に依存する傾向が顕著である。これら卸売業者の転送元について確認すると、KC社は川崎北部市場（卸売業者）及び淀橋市場（仲卸業者）、KE社は相模原市内の同社本社及び大田市場（卸売業者・仲卸業者）、またKH社では横浜本場（卸売業者）が中心的な調達先となっている。一方、KB社の転送集荷率は5％に過ぎないが、同社の場合、湯河原や熱海等の温泉旅館に納める促成野菜は委託によっては調達できないことから、このような商品を大田市場の仲卸業者から買い付けていることによる。

　以上、調査対象における青果物の出荷者構成についてみてきたが、これら卸売業者はいずれも相当割合を市場所在地周辺の個人出荷者から集荷[5]しており、少なくとも集荷面においては、地域の生産者から日常的な出荷先として利用される地域流通市場ということができる。その一方で、農協から直接集荷できるのは比較的規模の大きな一部の卸売業者に限られているだけでなく、転送に依存する傾向が顕著な業者も存在しているように、市場としての自律性に課題のあるものが含まれている。

2）卸売業者の集荷方法と県産品割合

　調査対象の委託集荷率について確認すると、KB社やKE社のように80％が委託となるものから、KF社のように20％に過ぎないものまでと、そこには大きな格差が生じている。

　このうちKB社については、他市場のほぼ全量と農協や商系の一部が買付の対象となっている。KB社はかつて取扱品の50％以上を買付によって調達していたが、この場合は仕入原価が存在しているにも関わらず、同社が販売先と価格交渉を行うなかで販売価格は引き下げられることが多く、その結果

として利益率も低く抑えられてしまうという課題があった。このため、同社は定率の手数料が確保できる委託集荷に努力した結果、現状のように委託集荷率が向上している。KE社の場合、転送集荷率が70％を占めているにも関わらず80％が委託[6]となっているが、これは同社の本社から転送される50％については委託として処理されていることによる。このため、同社の集荷において買付となるものは大田市場からの転送分（20％）にほぼ限定されている。また、KA・KD・KIの3社についても委託が60％を占めているが、これらについては商系と転送以外は大部分が委託によって集荷されていることによる。一方、委託集荷率が20％に過ぎないKF社では個人出荷品以外は全て買付となっており、同じく25％であるKC社[7]についても75％を占める転送が全て買い付けられていることが、委託集荷率が低くなった要因である。

調査対象における神奈川県産品の構成比は20％から50％となっており、取扱規模が小さく個人からの集荷率の高い市場ほど概して高くなっている。特に最小規模のKI社では、個人出荷品の7割と転送品の2割が県産品であるため、全体でみると50％が県産品によって占められている。なお、KB社とKI社は個人からの集荷率よりも県産品率の方が低くなっているが、その理由としては、KB社は茨城県内の出荷組合から、KI社では和歌山県や北海道の個人からも集荷が行われていることによる。

以上、調査対象卸売業者の委託集荷率と神奈川県産品の構成について確認したが、転送に依存する傾向の強い市場では概して委託集荷率が低く、県産品率では比較的小規模な卸売業者ほど高くなる傾向にあった。しかし、最大規模のKA社においても取扱額の20％は県産品によって占められていることから明らかなように、調査対象は県産品率からみても地域流通市場としての性格が強いということができる。

（2）卸売業者の集荷に関する機能強化

1）選別基準の統一による商品性の向上

以下においては、市場の機能強化と関連する個人出荷品の統一的な選別基

第2章　都市近郊の地域流通市場における機能強化

表2-6　卸売業者による選別基準の作成

	備　考
KA社	主要品目は規格を統一 市場ブランド品で規格を統一
KB社	かぶ、葉ねぎ、オクラ、菜花で規格統一
KD社	2005年頃に主要野菜で規格を統一 統一規格品はオリジナルケースを使用
KI社	市場ブランド品で規格を統一

資料：ヒアリング（2015年）により作成。

準の作成や巡回集荷の実施、さらには通いコンテナの活用について検討したい。前掲の**表2-4**で示したように、市場として個人出荷品の統一的な選別規格を作成しているものは、KA・KB・KD・KIの4社である。また、市場の集荷機能と関連する巡回集荷を行っているものはKB・KD・KHの3社となっている。最後に、出荷者や市場の物流効率化や経費削減に結びつく通いコンテナについては、KA・KD・KF・KH・KIの5社が何らかの形で活用している。以下においては、選別基準の作成、巡回集荷の実施、通いコンテナの活用についてそれぞれ確認していきたい。

　まず、調査対象による選別基準の作成状況については**表2-6**のとおりである。KA社は同社が現在の市場に入場した2012年以降、個人出荷者を会員とする協議会を設立するとともに、青果物の主要品目を対象に規格を統一し、協議会員が出荷するにあたってはこれを遵守するよう指導している。統一規格の対象品目は、同社において取扱量の多いほうれん草、小松菜、レタス、キャベツ、ブロッコリー、トマト、なす等となっている。また、このような規格作成の背景には、後述する野菜の市場ブランド化に向けた取り組みが存在している。なお、協議会員以外の出荷者については基準の遵守は義務でなく、この場合の選別は出荷者に一任されている。

　KB社は出荷品の選別規格を原則として出荷者に一任しているが、かぶ、葉ねぎ、オクラ（夏期）、菜花（春期）の4品目については、2009年頃に統一規格を作成している。これら品目で規格が統一された要因は、2009年当時、

収益性が低かった温州みかんを生産していた生産者がより収益性の高い品目へと作目を転換するに際して、KB社の指導のもとで上記4品目を導入した点があげられている。また、規格を作成するにあたっては、同社の販売先である量販店の意見を踏まえており、例えば従来ならばかぶは5玉/束で調製されていたものが、家庭において1回で消費できる4玉/束へと変更されている。なお、KB社の規格作成は、後述の市場ブランド確立に向けた取り組みの一環としても位置付けられている。

KD社の場合、その使用は義務でないものの、トマトときゅうりを中心に、だいこん、さといも、ブロッコリー、キャベツ等の品目で統一した選別基準が作成されていることに加えて、市場オリジナルの出荷ケースも使用されている。なお、上記以外でも主要品目については、目安となる選別基準が設けられている。KD社によるこのような取り組みは2005年頃から行われているが、その契機となったのは、当時、地元農協に出荷していたトマト及びきゅうりの出荷者を同社への出荷へと誘導したことがあげられる。具体的には、農協からKD社に出荷先を変更した出荷者が、引き続き農協の選別基準を用いて同社への出荷を行うとともに、KD社が同品目を扱う他の出荷者にも同じ基準での選別を奨励することによって、統一的な選別基準が普及している。ただし、果菜類にはそれ以前から全国的に標準化された基準が存在しており、出荷者の多くは同基準に準じた選別を行っていたことから、新たに作成した統一基準に合わせやすかったという理由も存在している。そして、同社はその後、他の品目にも選別基準を作成・普及し、現在に至っている。

KI社の場合は、一般品と後述のブランド認証を受けた野菜とでは対応が異なっている。同社は一般品については選別基準を設けておらず、出荷者は独自の基準で選別・調製を行っている。しかし、後述する市場ブランドの認証を受けた出荷品に関しては品目毎に選別基準を設けており、出荷者はそれに合わせた調製を行っている。

以上、個人出荷品に関する選別基準について検討してきたが、このような統一的な選別基準の作成及び遵守によって取り扱う青果物の商品性向上がも

たらされ、その結果、青果物に定質を求める量販店等に対する販売力向上に結びついている。

2）巡回集荷による集荷機能の強化

調査対象が実施する巡回集荷についてまとめたものが**表2-7**である。ただし、表では示していないが調査対象のなかには、現在は行わないもののかつては巡回集荷を実施していたものが存在していることから、ここで併せて確認することにしたい。

最初にKB社からみると、同社では1970年代から巡回集荷が行われており、最盛期である1985年頃には5台の2tトラックを駆使し、約30箇所の集荷ポイントを回りながら集荷を行っていた。しかし、その後は個人からの集荷量が減少したこともあって、現在では秦野市と中井町にある2箇所の集荷ポイントで行われているに過ぎず、数量的にも個人出荷品の数％程度となっている。巡回集荷にかかる経費は、KB社が出荷者の販売代金から差し引くことによって徴収されている。同社によれば、将来的に出荷者の高齢化はより進行していくことから、集荷量の確保のために巡回集荷の拡大は避けられないとしている。

KD社は1980年から巡回集荷を行っているが、経年的に減少傾向で推移している。調査時現在では比較的出荷量の多い個人を中心に集荷していることから、近郷からの個人出荷品の10％程度（全体の1％未満）で行われている

表2-7　卸売業者による巡回集荷の概要

	実施状況	集荷料	備考
KB社	個人出荷品の数％程度	販売代金から徴収	1970年代から実施 秦野市、中井町で実施 1985年頃は30箇所から集荷
KD社	近郷の個人の10％弱	大口出荷者は無料	1980年の市場設立時から実施 現在はKD社の子会社が担当
KH社	個人の60％	販売代金から徴収	1985年には既に実施

資料：ヒアリング（2015年）により作成。
注：割合は概数である。

に過ぎない。集荷実務はKD社の関連会社である運送業者が行っているが、この場合、午後2時以降に市場を出発した3台のトラックが、それぞれ別のルートで出荷者の庭先を回ることによって行われている。なお、集荷料は数量の多い出荷者の場合は無料であるが、小規模出荷者については市場手数料だけでは集荷に要するコストを吸収できないことから、若干の集荷料を徴収している。

　KH社では個人出荷品の約60％が巡回集荷によって市場に搬入されている。このような集荷は少なくとも1985年には行われていたが、実施の背景には当時の湘南地域等における青果物流通を取り巻く状況が反映されていた。具体的には、当時は地域内に個人出荷者が多く、同時に多数の青果物市場も設置されていたことから、そこには集荷を巡る激しい競争が存在していた。このような状況下では、卸売業者が新規に出荷者を勧誘しても出荷者は労力的な問題から新たな市場に出荷することは不可能であり、このため新規出荷に応じてもらうには卸売業者が庭先まで取りに行くという条件を付けなければ難しいケースが多かったことによる。現在、KH社の巡回集荷は職員が自社トラックで行っており、集荷料も徴収しているが採算的には合わないものとなっている。このため、巡回集荷はあくまでも集荷量を確保するためのサービス的な性格のものとしている。

　以上、巡回集荷を行う3社の現状について検討したが、調査対象にはかつて実施していた業者も含まれていることから、以下において併せて確認したい。KC社は以前、自社の4tトラック1台で集荷を行っていたが、経年的な集荷量の減少に加えて燃料代及び人件費の高騰による不採算を理由として、1990年代前半に中止している。また、KI社もかつては行っており、当時はトラック2～3台で海老名市や藤沢市を巡回していたが、同社の人的余裕や買参人の減少もあつて、2000年頃に廃止している。これら2事例から明らかなように、同地域等における巡回集荷を総体的にみるならば、縮小される傾向にあるといえよう。

　以上、市場の集荷機能と関係性が深い卸売業者による巡回集荷についてみ

てきたが、調査対象のなかではKH社が積極的に行っているものの、他の事例については過去において盛んに行われていたが、その後は経年的に縮小しながら現在に至ったというものである。前章でみた静岡県東部地域においても、積極的に巡回集荷を行っていたのはSA社のみであったが、湘南地域等においても多くの卸売業者が巡回集荷から撤退しつつある。この意味では、湘南地域等の市場においては個人出荷者からの集荷機能が弱体化しつつあると評価することもできる。しかし、ヒアリングではこれまで巡回集荷を行ってこなかったKG社も集荷量を確保するため将来的には対応せざるを得ないとしており、一度は廃止したKI社からも再開を検討しているという意見が聞かれているように、将来的に巡回集荷が再強化される可能性も残されている。

3）通いコンテナの活用による集荷作業の効率化

次に、表2-8を基に調査対象における通いコンテナの利用状況について確認すると以下のとおりとなる。なお、同表には通いコンテナの稼働数を記していないが、これはコンテナの紛失が多いことから実際に使用されているコンテナ数を把握している卸売業者が存在しなかったことによる。市場への通

表2-8 市場における通いコンテナの利用状況

	利用状況	使用料	備　　考
KA社	個人の70%	…	2013年に導入 コンテナは折りたたみ式
KD社	…	10円/コンテナ/回	1995年頃導入 ほうれん草、キャベツ、長ねぎで使用 5年ごとに2,000～3,000ケースを補充
KF社	個人の80%	無料	1995年頃、行政の補助金により導入
KH社	個人の20%	…	折りたたみ式は2012年に導入 大手量販店は折りたたみ式を指定
KI社	個人の60%	無料	コンテナは3種類

資料：ヒアリング（2015年）により作成。
注：1）利用割合・稼働数は概数である。
　　2）…は事実不詳を意味する。

いコンテナの導入による効果については、本書第1章第3節の「（3）通いコンテナの利用による機能強化」を参照されたい。

最初にKA社からみると、同社では通常のコンテナではなく、販売先である量販店の意向もあって折りたたみ式コンテナが使用されている。また、2013年の使用開始にあたっては、藤沢市からの補助金が活用されている。同社の場合、コンテナを使用する出荷者は前述の協議会に所属する個人出荷者に限定されているが、同協議会の組織率が高いこともあって、個人出荷品の70％で用いられている。既にみたように、同社は市場ブランド確立のために選別規格を作成し、協議会員に対しその遵守を求めているが、通いコンテナの使用についても同じ主旨に基づくものである。同社が用いるコンテナは貸しコンテナ業者から貸し出されたもの[8]であり、この場合は「貸しコンテナ業者→KA社→個人出荷者→KA社→量販店・一般小売店→（一般小売店の場合はKA社が回収→）貸しコンテナ業者」の順に循環している。

KD社は1995年頃に、神奈川県の補助を受けて通いコンテナを導入している。同社では主として地場産のほうれん草、キャベツ、長ネギ等で使用されており、出荷者からはその使い勝手の良さが支持されているとのことであった。コンテナは個人出荷者とKD社、さらに一般小売店の間を循環しながら用いられており、個人出荷者と専門小売店からは10円／コンテナ／回の使用料が徴収されている。通いコンテナの課題は紛失の多さにあり、このためKD社は約5年おきに2,000〜3,000ケースを買い足している。

KF社も1995年頃に県の助成を受けることで通いコンテナを導入しており、現在では個人出荷品の約80％で使用されている。同社の場合、市場における集荷・販売を促進するため、出荷者・小売業者の双方からコンテナ使用料は徴収してはいない。

KH社では通常のコンテナとレンタルの折りたたみ式コンテナが併用されている。このうち通常の通いコンテナの導入時期は不明であるが、地場産のみかんやこまつ菜、ほうれん草等で用いられており、割合的には個人出荷品[9]の20％程度を占めている。一方、折りたたみ式コンテナは2012年から

第2章 都市近郊の地域流通市場における機能強化

使用されているが、この場合は販売先である大手量販店から、納品にあたって折りたたみ式コンテナの使用が義務付けられたことが契機となっている。このため、折りたたみ式コンテナを使用する出荷者は特定の生産者が対象であり、取引方法も事前に約束のある契約的な取引となっている。

KI社の場合も相当以前から通いコンテナを導入しており、現在でも個人出荷品の約60％というように高い割合で用いられている。また、コンテナの種類については深型・浅型・だいこん用の３種類が導入されており、これらを品目の形状や特性に合わせて使い分けている。KI社で通いコンテナの使用割合が高くなった要因としては、同社は調査対象中の最小規模であり、このため出荷者も比較的限定されているだけでなく、販売先も地元の一般小売店に限定されていることから、コンテナの紛失が少ない点があげられる。

以上、調査対象における通いコンテナの利用について確認を行った。湘南地域等では1995年頃から、行政の補助もあって通いコンテナの導入・普及が図られており、現在でも５社の卸売業者において、個人出荷品を中心に用いられていることが確認できた。また、KA社とKH社は折りたたみ式コンテナを活用しているが、これらについては2010年代以降に、販売先となる大手量販店の意向により導入されていた。

本節では、卸売業者の集荷概要について確認した後に、市場の集荷に関する機能強化として、個人出荷品の選別基準の作成・導入、卸売業者による巡回集荷の実施、市場における通いコンテナの導入について検討を行った。その結果、湘南地域等においても調査対象ごとに軽重はあるものの、各種の取り組みを通じて、市場の集荷に関する市場機能の向上に向けた取り組みの展開が確認できた。

第４節　卸売業者の分荷概要と機能強化

（１）市場の取引方法

本節においては、卸売業者の取引方法と分荷概要について確認した後に、

表2-9 市場の取引方法

単位：％

	取引方法		セリの対象品目	備　　考
	セリ	相対		
KA社	0	100	-	参加者の減少により2012年にセリを廃止
KB社	2〜3	97〜98	相対の残品や不良品	セリを行わない日も多い
KC社	1	99	相対の残品	2003年から会社の方針としてセリを廃止
KD社	0	100	相対の残品	2000年頃に会社の方針としてセリを廃止　まれに、残品を対象に実施
KE社	20	80	個人出荷品	
KF社	5	95	重要性の低い個人出荷品	葉物野菜など重要品目は相対で価格維持
KG社	29	71	個人と商系の委託集荷品	個人出荷品でも事前約束のあるものは相対
KH社	0	100	-	参加者の減少により2010年にセリを廃止
KI社	80	20	じゃがいも、たまねぎ、輸入果実以外	買付品もセリで取引　先取品はセリとして処理し、セリの高値で仕切り　（先取は入荷量の1/3を上限に実施）

資料：ヒアリング（2015年）により作成。
注：構成比は金額に基づく概数である。

それと関連した市場の機能強化の取り組みについて検討したい。

　最初に調査対象における取引方法について、**表2-9**を基に検討する。同表で特徴的なのは、セリを比較的行うものはKE・KF・KG・KIの4社であり、他5社についてはあまり行われず、ほぼ全量が相対によって取り引きされている点が指摘できる。これら5社がセリを行わない理由としては、セリに参加する買参人が減少したことから取り引きが成立しなくなったとするのがKA及びKH社である。また、KC及びKD社は会社の方針として意図的に廃止したとしているが、その背景には前2社と同じく買参人の減少が存在している。最後のKB社については、取引時間前に相対で売り切る場合が多いことが、セリを行わない理由である。そして、セリを行わない5社に共通するのは、可能な限り取引時間までに完売しようとする姿勢であり、このためセリが行われたとしても、KB・KC・KD社のように相対の残品処理的な性格のものとなっている。また、KA・KB・KDの3社については主要品目を対象に選別基準が作成されているが、同基準が遵守されている限り個人出荷品であっても相対による評価が可能となることも、セリが廃止された一因に

第 2 章　都市近郊の地域流通市場における機能強化

なったと考えられる。

　一方、セリによる取り引きが比較的行われているKE・KF・KGの 3 社の取引方法については以下のとおりである。KE社については約20％の個人出荷品がセリによって取り引きされている。同社によれば、相対取引の方が販売にかかる作業負担を軽減できるという意味で望ましいが、出荷者や買参人はセリを望む傾向が強く、このため継続せざるを得ないとしている。ちなみに、KE社が量販店に販売する商品は全て相対で取り引きしており、この場合は青果物が市場に搬入された時点で、量販店からの前日発注に基づいて同社が必要数量を取り分けておき、セリ終了後に市場からの搬出が行われている。KG社についてもKE社と同様であり、委託で集荷される個人出荷品と商系の一部がセリの対象となっている。ただし、同社の場合は個人出荷品でも出荷者と販売先との間で事前約束のあるものについては他のものと区別され、相対によって処理されている。

　一方、KF社のセリ取引率は 5 ％程度に過ぎないが、同社の場合セリとなるものは個人出荷品のなかで数量が揃わなかったり、品質に問題があるなど量販店に売り難く、卸売業者として重要視しない商品に限定されている。また同社からは、セリによって形成された価格は必ずしも需給実勢や品質などが反映されたものではなく、時により想定外の安値が形成される点も課題として指摘されている。このため同社は、量販店の要望が高い葉物野菜等の重要品目については、出荷者の手取りを確保するためにも相対によって取り引きすることで、価格の下支えを行っている。同様の理由から、KF社は保存性が高い野菜の入荷量が多い日には、値崩れを防ぐため相対の残品が発生してもセリで売り切ってしまうのではなく、翌日まで保管しておくケースが多いとしている。

　最後のKI社については、全体の80％程度がセリによって取り引きされている。前述のようにKI社は全体の約40％を他市場からの買付によって集荷しているが、同社に特徴的なのは、じゃがいも、タマネギ、及び輸入果実を除けば買付品であってもセリで取り引きしている点があげられる。同社がセ

リを重要視する理由としては、セリを行うことで市場の活気を引き出すことにあり、出荷者や買参人に市場の魅力を感じてもらう点があげられている。一方で、買付品には原価があることから、需給実勢により販売価格が大きく変動するセリ取引は非常にリスクの高い方法といえるが、KI社によればセリにおいても比較的高水準の平均相場が形成されており、利益率は必ずしも低くはないとのことである。なお、同社においても一部では先取りが行われ、この場合は相対によって取り引きされている。しかし、先取りが多くなればセリにおける需要が減少するので相場の引き下げにつながるため、先取りは販売先から納品時間が指定されている場合に限定するだけでなく、その数量も同一品目の入荷量の1/3までに制限されている。また、先取品の取引価格は当日のセリの最高値とするだけでなく、帳合上もセリとして処理されている。

　ここまで市場における取引方法について確認してきたが、前章の静岡県東部地域と比較した場合、湘南地域等の市場では一部を除いてセリ取引が低調であり、たとえ個人出荷品であったとしても相対によって処理される傾向の強い点が指摘できる。このことは、同地域等の市場では個々の需給実勢により価格形成が行われるのではなく、拠点市場等の価格を踏まえながら形成されていると考えられ、各市場の価格形成機能は弱体化したと評価することも可能であろう。しかし、セリが後退した一因には、市場が選別基準を統一することによって商品の規格化が進み、セリという方法によらなくても合理的な価格形成が可能になった可能性があることも指摘しておきたい。

（２）卸売業者の分荷概要

１）販売先の業態

　調査対象となった卸売業者における販売先の業態構成についてみたものが**表2-10**である。同表を基に調査対象を販売先構成によって大別すると、①量販店と一般小売店に販売するKBからKHまでの７社、②市場内の仲卸業者と卸売業者の子会社である関連流通業者に販売するKA社、③一般小売店へ

第 2 章　都市近郊の地域流通市場における機能強化

表 2-10　卸売業者の分荷概要

単位：％

	分荷先構成							合計	県内分荷率	備考
	量販店	一般小売店	仲卸業者	流通業者	関連流通業者	給食外食等	他市場等			
KA 社	0	5	40	0	55	0	0	100	…	仲卸業者は 5 社 最終分荷地は大部分が県内
KB 社	70	30	0	0	0	0	0	100	80	県外分荷は静岡県内
KC 社	25	73	0	0	0	0	2	100	80	県外分荷は静岡県内
KD 社	30	55	0	0	0	15	0	100	100	
KE 社	60	40	0	0	0	0	0	100	100	
KF 社	45	45	0	10	0	0	0	100	100	流通業者は市場内の業者
KG 社	50	47	0	0	0	3	0	100	100	量販店への販売は 2004 年頃開始
KH 社	85	15	0	0	0	0	0	100	100	
KI 社	3	90	0	3	0	0	4	100	100	流通業者は場外流通業者

資料：ヒアリング（2015 年）により作成。
注：1）構成比は金額に基づく概数である。
　　2）一般小売店は納品・外食業者・個人スーパーを含む。
　　3）…は事実不詳を意味する。

の販売を主とするKI社の 3 パターンとなる。

　湘南地域等の卸売業者における一般的な販売形態として、①量販店と一般小売店に販売するケースから確認すると以下のとおりとなる。量販店への販売率は、最も高いKH社の85％から低いものではKC社の25％というように、卸売業者によって60ポイントもの差が生じている。しかし、取扱規模と量販店への販売率との関連性は認められない。次に、量販店以外の販売先についてみると、その多くが一般小売店によって占められている。また、KF社では10％が市場内にテナントとして入る 2 社の青果物流通業者[10]に販売されている。また、給食や外食への納品については、KD社は15％を地元飲食店や学校給食に納品しており、KG社も 3 ％を伊勢原市内の病院やホテルに納めている。それ以外では、KC社は 2 ％とわずかではあるものの、KD社やKE社に加えて東京都内中央卸売市場等に転送している。

　次に、②仲卸業者と関連流通業者への販売割合が高いKA社についてみると、同社は40％を市場内の仲卸業者（5 社）に、5 ％を一般小売店に販売し

ているが、それ以外の55％については同社の子会社である関連流通業者への販売となっている。同関連流通業者は市場の旧卸売業者が設立したものであり、2012年にKA社が旧卸売業者から経営を引き継いだときと同時に、KA社へと継承されている。そして、現在ではKA社の実質的な外商部として、量販店への販売や外食等への納品を担当している。ただし、関連流通業者の職員はKA社の職員が兼ねていることから明らかなように、同社を介した販売は実質的にKA社による直接販売である。

最後の③一般小売店を中心とする卸売業者はKI社が該当し、同社は取扱額が少ないこともあって、全体の90％を一般小売店に販売している。それ以外では、KA社が入る市場の仲卸業者（１社）に４％、量販店（１社）に３％、量販店に納品する場外流通業者（１社）に３％という構成である。

最後に、調査対象が販売した青果物の県内分荷率について確認したい。KB及びKC社は全体の20％が神奈川県外に分荷されているが、これについては両社の入る市場が湘南地域等において最も西寄りとなる小田原市に立地していることもあって、伊豆半島を含む静岡県東部地域にも搬出されていることによる。KDからKIの６社については、ほぼ全量が県内分荷となっている。最後のKA社は仲卸業者にも販売していることから最終分荷地域を正確に把握できないが、同社によれば大部分が県内に仕向けられるとのことである。このように、調査対象となった卸売業者は主として県内の消費需要に青果物を供給しているように、既にみた集荷における県産青果物の構成比の高さと併せて考えるならば、県産品を含む青果物を県内需要に仕向ける「地域流通市場」としての性格を持つものである。

２）一般小売店への販売実態

調査対象の販売先のうち、一般小売店について取りまとめたものが**表2-11**である。一般小売店の店舗数はKH社の20店からKB社の85店となっており、その所在地は主として市場所在市及び周辺市町となっている。また、備考欄に市場所在市内の小売店率についても記しているが、構成比を把握で

第 2 章　都市近郊の地域流通市場における機能強化

表 2-11　卸売業者の専門小売店への分荷

単位：実数

	店舗数	店舗の所在地	備　考
KA 社	70	藤沢市、茅ヶ崎市、三浦半島等	
KB 社	75～85	小田原市、南足柄市、中井町、秦野市、茅ヶ崎市、伊東市等	小田原市内が 70％ 個人経営のスーパーを含む
KC 社	60	小田原市、箱根町、湯河原町、熱海市等	小田原市内が過半
KD 社	50～60	平塚市、厚木市、大和市、大磯市、小田原市等	平塚市内が 80％
KE 社	50	秦野市、小田原市、平塚市、伊勢原市、南足柄市、山北町、厚木市等	秦野市内が 30％
KF 社	25～30	茅ヶ崎市、寒川町、藤沢市、平塚市等	茅ヶ崎市内が 90％
KG 社	30	伊勢原市、秦野市、厚木市、横浜市等	伊勢原市内が 60％
KH 社	20	秦野市、平塚市、藤沢市	秦野市内が 80％
KI 社	40	鎌倉市、藤沢市等	登録では 90 人 2015 年は 10 人（登録で 20 人）の増加

資料：ヒアリング（2015 年）により作成。
注：1）店舗数は継続的な購入を行う買参人である。
　　2）店舗数・割合は概数である。

きなかった KA 社と KI 社、及び秦野市が約 30％とする KE 社を除けば、いずれの業者も市場所在市内が過半を占めている。なお、KA 社については藤沢市と茅ヶ崎市の構成比が高く、KI 社は鎌倉市に加えて藤沢市が高いとのことであった。

3）量販店への販売実態

　卸売業者の量販店に対する販売実態については、**表 2-12** のとおりである。なお、最大規模の KA 社は量販店に対して直接的に販売しておらず、量販店対応は仲卸業者や同社の関連流通業者が行っている[11]ことから、同表には掲載していない。

　卸売業者の販売先となる量販店についてみると、KB 社が大手量販店系の食品スーパーや大手総合スーパーを含む 5 社、KC 社は地元百貨店系を含む食品スーパー 2 社、KD 社は大手量販店系を含む食品スーパー 3 社、KE 社はローカルスーパーや生協等 10 社、KF 社は比較的小規模な食品スーパー 3 社、KG 社は小規模スーパーを中心に 6 社、KH 社は大手系量販店を含む 3 社と

表 2-12　卸売業者の量販店対応

	量販店	仕分	パッキング	配送	開始時期	備考
KB社	MV	有	有	有	1995年頃	大手量販店系の食品スーパー KB社販売額の45%
	YK					大手総合スーパー
	OH					地元百貨店系食品スーパー
	YM					
	RO					
KC社	OH	有	有	有	1972年	地元百貨店系食品スーパー、13店舗
	YM					8店舗
KD社	SM	有	無	無	1989年	11店舗
	MV		(有)	(有)		大手量販店系の食品スーパー、1店舗 パッキング・配送は関連会社が実施
	SP					1店舗、パッキング・配送は関連会社が実施
KE社	計10社	有	有	有	2005年頃	ローカルスーパー・生協等
KF社	CC	有	有	有	2000年頃	6店舗
	KR					4店舗
	RZ					1店舗
KG社	DE	有	有	有	2004年	1店舗
	他5社					合計29店舗
KH社	RZ	有	有	有	1995年頃	本社が経営、5店舗
	MV					大手量販店系の食品スーパー、2店舗
	YK					大手総合スーパー、1店舗
KI社	MK	無	無	有	…	市場の余剰荷を販売

資料：ヒアリング（2015年）により作成。
注：…は事実不詳を意味する。

なっている。なお、KH社については最終的に8店舗の量販店に青果物を供給しているが、このうち5店舗までが同社の本社が展開するローカルスーパーRZである。

　そして、KI社を除く7社の販売先量販店に関して特徴的なのは、イタリックで示したMV・YK・OH・YMというように、同地域等にある複数の市場から調達を行うチェーンスーパーが含まれている点であろう。特に、大手量販店系食品スーパーであるMVについては、KB・KD・KHと3社の卸売業者に共通の販売先となっている。このうち、比較的規模の大きなKB社からは同社取扱額の45%、金額的には17億円強をMVが購入しているのに対し、KD社からはMVチェーンのなかでも1店舗のみ、KH社が販売するMVにつ

いても2店舗に過ぎない。このことから、MVはレギュラー品を中心とする青果物については主としてKB社から購入し、その一方で地場産品については各店舗の最寄市場から調達している可能性が高いと考えられる。なお、量販店は最寄市場から地場産野菜を求める傾向があることは、ヒアリング時にKC社やKF社からも指摘されている。

大手総合スーパーであるYKについてもKB社とKH社から調達を行っているが、このうちKH社は取扱額が5億円に満たない小規模市場であるだけでなく、同社の販売先も本社が経営する量販店が中心となっているように、YKへの販売額は決して多くはない。しかしKH社からは、大手を含む量販店の多くは地場産品を求めてエリア仕入から個店仕入へとウェイトを移しつつある点が指摘されており、YKについてもKH社からは地場産品を中心に購入しているとのことであった。なお、MVとYKの2社については前掲の**表1-11**にあるように、静岡県東部地域においても複数の卸売業者から調達を行っている。このことからも、量販店は店舗周辺の地域流通市場を活用する傾向にあることが確認できる。

最後のKI社については1社の地元量販店に販売しているが、この場合は市場の売れ残りが販売対象となっていることから、残品処理的な性格の販売である。

（3）卸売業者の量販店対応に伴う機能強化

本項においては前掲の**表2-12**に基づいて、調査対象が量販店対応を展開するなかで強化された機能について確認したい。

KB社は20年前の段階から既に仕分・パッキング・配送の全てに対応しており、これら作業によって発生するコストについては、例えばパッキングの場合は20円/パックというように、販売価格に上乗せすることで対処している。

KC社は市場が設立された1972年の段階からMVの前身となった量販店に販売していただけでなく、同社との取引開始当初から配送等の諸作業を行っていた。そして、現在においても2社の量販店ともに対応している。このよ

うな量販店対応に要する経費のうち、パッキングに関しては200〜300円/ケース程度の加工賃を徴収しているが、仕分と配送については同社のサービスとなっている。その理由としては、現在の販売先である2社と取引が始まったのは1990年代であるが、当時は調査時現在よりも青果物の平均単価が高く、収益も比較的確保できたことから、配送等をサービスで行ったとしてもそれに要するコストを収益のなかで吸収することは可能であった。しかし、その後は平均単価が長期間にわたって低迷したことによって、現状では収益のなかから配送等に要するコストを支出することが難しくなっている。しかし、一度形成された商慣行は変更することが難しく、このため現在でも配送等はKC社のサービスとして継続されているとのことであった。

KD社は3社の量販店に販売しているが、店舗単位の仕分については全ての量販店に対して行っている。しかし、SMからはパッキングと配送は求められておらず、このため市場において量販店が差し向けたトラックに積み込むまでの対応となっている。一方、MVとSPについてはパッキングと配送が要求されており、この場合、KD社の関連会社である運送業者がこれらの作業を担っている。しかし、前述のように関連業者の職員はKD社の職員が兼ねていることから、量販店対応についても実質的にはKD社が直接行うに等しいものである。このようにパッキング及び配送を名目だけでも別会社が行うことにする理由は、これら作業は自社で行うよりも、外注という形をとった方が量販店に経費を要求し易い点があげられている。

KE社も2005年頃から、販売先となる量販店の要求に応える形で仕分・パッキング・配送に対応している。同社によれば、これら作業は本来ならば卸売業者が担うべきものではないが、現在では量販店に販売するために不可欠な作業になっているとのことである。なお、KE社では量販店対応のための専門部署は設けておらず、パッキング等の作業についても時間的余裕のあるときに、職員が分担して行っている。

KF社も量販店への販売開始に伴って、2000年頃から仕分・パッキング・配送を行うようになっている。同社は市場として売り上げを伸ばしていくた

め、このような対応を積極的に取り組むべき業務として位置付けている。

　KG社は取扱額8億円弱の卸売業者であるが、量販店への販売に取り組むのが後発となった[12]ことによって、2005年頃には5億円以下にまで低迷していた。しかし、このまま放置したのでは経営の継続が難しいとの判断から2004年に方針を転換し、積極的に販売先となる量販店を開拓しながら現在に至っている。このため、仕分・パッキング・配送についても量販店への販売を開始した2004年から行われている。なお、これら作業に伴う経費は販売価格に上乗せされている。

　KH社の販売先量販店のうちRZとMVとの取り引きは1995年頃に開始されており、パッキング等の作業もそれと同時に行われている。同社はこれら作業を卸売業者の本来的な業務ではなく、このため行わないのが望ましいとしているが、実際問題として対応しない限り量販店には販売できないとのことであった。KH社によれば、パッキングを行う場合の資材費は量販店に要求できるが人件費までは難しく、このためパート等を雇用するのではなく、同社の職員が時間的余裕のある時に作業を行っている[13]。

　最後のKI社においては、量販店への販売は市場の残品処理という性格のものであるため仕分とパッキングは行っておらず、同社が量販店の店舗まで持ち込むに留められている。

　以上、調査対象における量販店対応に伴う仕分やパッキング、そして配送作業について確認を行った。その結果、市場の卸売業者の本来的機能[14]ではないこれらの作業は、量販店への販売を開始した時点から行われているだけでなく、現在では対応しなければ量販店との取引自体が実現されないという性格のものとなっていた。また、従来の主要販売先である一般小売店が減少していくなかにおいて、地方卸売市場の卸売業者が経営を維持していくためには量販店を販路として開拓して行かざるを得ないことから、卸売業者の側もパッキング等の諸作業に積極的に対応してきたという経緯も確認された。最後に、量販店対応の深化に伴う市場の機能強化については、第1章においても確認したとおり、卸売業者が仕分や配送を担うことで市場の分荷機能の

向上につながるとともに、パッキング作業を担うことを通じて加工機能の強化がもたらされたということができる。

第5節　市場ブランドの確立に向けた取り組み

(1) KA社のケース

　本節においては、卸売業者等が展開する市場ブランドの確立に向けた取り組みについて検討するとともに、それを踏まえてブランド化の推進によってもたらされた市場機能の強化について考察を行いたい。第2節でみたように、調査対象のなかで市場ブランドの確立に向けた取り組みを行っているのはKA社、KB及びKC社、そしてKI社の4社（3事例）であり、その概要についてまとめたものが**表2-13**である。なお、本節でいうところの「市場ブランド」とは、地場産青果物を対象に市場としてブランドの名称や要件を定めるとともに、当該市場において他の商品と区別して取り扱われた青果物とする。また、それが「確立」されるという点に関しては、対象となる青果物が市場所在地域の小売業者や飲食店さらには消費者等から、市場ブランドとして広く認知された状態になることと定義したい。

　まず、KA社による市場ブランドの確立に向けた取り組みについて検討す

表2-13　卸売市場のブランド確立に向けた取り組み

	開始年	取り組み経緯	備　　　考
KA社	2006年	2006年：旧卸売業者が開始 2012年：現卸売業者が取り組み本格化 同年：生産者を協議会として組織化 同年：市場ブランドロゴ及び選別規格を策定	出荷者は245名 取扱額は9億円
KB及びKC社	2015年	2015年：卸、小売組合、出荷組合、市が企画 2015年：市場ブランドロゴを公募・策定 2016年：認定基準を検討中	
KI社	2012年	2013年：市場ブランド名を商標登録 2014年：市場ブランドロゴを公募・策定 同年：農水省所管のコンクールにおいて受賞	出荷者は71名 品目は12品目 取扱額は3,000万円

資料：ヒアリング（2015年）、小田原市資料により作成。

第2章　都市近郊の地域流通市場における機能強化

るならば、概略は以下のとおりである。KA社が現在の市場に卸売業者として入場したのは2012年であるが、それ以前の1996年頃には既に、旧卸売業者によって現在使用されている市場ブランドの名称は定められていた。しかし、当時はブランド名を定めたのみで、その普及に向けた取り組みについては積極的でなかった。また、市場に入荷した個人出荷による地場産野菜はすべて市場ブランドの対象品であり、特に認定のための要件が定められていたわけでもなかった。しかし、2012年に旧卸売業者に代わって横浜市中央卸売市場の卸売業者を本社とするKA社が卸売業務を開始したのを契機として、市場ブランド確立に向けた取り組みが本格化することになった。

具体的には、それまでは市場に入荷するすべての個人出荷野菜が市場ブランドの対象であったものが、KA社は新たに個人出荷者を対象とする協議会を設立することで出荷者の組織化を図るとともに、市場ブランドの対象を協議会員の出荷品に限定するなどの取り決めが行われている。さらに協議会の加入者に対しては、KA社が品目ごとに定めた規格による選別が義務付けられることになった。このように統一された基準で選別が行われることによって、たとえ出荷者が異なっても出荷品の品質が揃うことから商品性が向上し、市場における単価の下支えが実現されている。また、このような取り組みと平行して、KA社はブランド品の認知度を高めるためロゴを策定するとともに、それを用いたポスターやのぼりを製作し、卸売市場や小売店、飲食店の店頭等に掲示するなどの広報活動を展開することを通じて、地域の消費者等に対する認知度の向上に取り組んでいる。

その結果、現在では藤沢市内および周辺市町の飲食店等において、市場ブランド品の使用を明示したメニューが作成されるなどの効果が現れている。市場ブランド品の出荷者数と取扱額については、2015年現在で出荷者数が245人、取扱額は約9億円にまで拡大している。また、同社全体の取扱額もブランド化の効果に加えて、前節でふれた関連流通業者による加工・配送機能の強化も手伝って、2011年の59億995万円から2014年には71億6,877万円にまで増大するという結果に結びついている。

（2）KB社及びKC社のケース

　KB及びKC社は、2015年から市場ブランドの確立に向けた取り組みを開始している。既にみたように、これら2社の卸売業者は同一市場で卸売業務を行っているが、両社がブランド化の取り組みを実施するにあたっては、2014年8月に設立された、卸売業者だけでなく地元の小売店組合や生産者の出荷組合等も交えて組織された検討委員会によるところが大きい。同委員会の目的は市場の活性化策を協議することにあるが、そこで検討を進めていくなかにおいて、両社が入場する市場は地方卸売市場ではあるものの、その活性化を図るには地域の出荷者や小売業者の期待に応えていくことが必要であり、機能的にも中央卸売市場と同じ役割を果たすことが求められるとの結論に至っている。そして、市場ブランドの確立も上記の市場活性化策の一環として位置付けられ、委員会の取組課題の一つに定められている。このような経緯からKB及びKC社の取り組みの特徴としては、2社の卸売業者がそれぞれ単独で実施するのではなく、卸売業者に加えて出荷者や小売業者、さらには市役所というように、広範囲にわたる関係者の協力により展開される点があげられる。

　その後の取組状況については、2015年に小田原市民を対象に行った公募によってロゴマークが策定され、2016年4月現在ではブランド品の栽培基準や認定基準[15]について検討が行われているところである。なお、KB及びKC社はブランド化を進めるに当たって、より早い段階から取り組みを開始していたKA社やKI社が参考にされている。

　以上みてきたように、KB及びKC社による市場ブランドの確立に向けた取り組みは未だ緒に就いたばかりであり、それによってもたらされた経済的効果や市場の機能強化について評価を行うのは時期尚早といわざるを得ないが、卸売業者だけでなく出荷者や小売業者、及び行政等の広範囲にわたる関係者を巻き込んだ取り組みとして、今後の展開が注目されるところである。

（3） KI社のケース

　KI社における市場ブランドの確立に向けた取り組みは、2012年に開始されている。KI社の取扱額は現在でも調査事例中最小であるが、2012年当時は会社の存続そのものが危ぶまれる状況に至っており、その活性化は喫緊の課題となっていた。そして、このような状況下でKI社の代表が交代しているが、それを契機として、危機打開を目的として市場で取り扱われる野菜のブランド化が検討されることになった。その後の経緯をみるならば、2013年3月にブランド名を商標登録、2014年7月にロゴマークを策定、さらに同年9月には認証基準を策定している。このような作業と並行して、同社に出荷する生産者には認証の取得を薦めることによって、市場ブランド品の取扱拡大が図られている。そして、上記のような活動の結果、2014年には農水省所管のコンクールで受賞するまでに至っている。

　前述のように、KI社の市場ブランド品は出荷者に認証の取得が要求されているが、この場合の認証基準は、圃場段階における栽培方法や出荷品の品質に関する事柄について定められている。具体的にみると、市場ブランド商品には①出荷者が農薬・化学肥料の低減に努力していること、②出荷品には他市場で扱われる同一品目のものと比較して何らかの優位性・独自性があること、③消費者に対しても新たな価値の提供や個性を主張できることの3点が求められている。それに加えて、ブランド品には生産段階における生産履歴の記帳及び記録の提出、さらにはKI社が定めた選別規格の遵守が要求されている。そして、最終的にはKI社が組織した認定委員会から承認を得ることによって、始めて市場ブランド品の生産者として認定されることになる。なお、市場ブランド品は一般品と比較して、上記のような品質等に関する明確な優位性が存在していることもあって、市場における評価についても通常品の1.2〜1.5倍の単価が形成され、出荷者の所得向上に結びついている。

　2015年現在、KI社の市場ブランド品は品目数で12品目、出荷者数は71人、金額的には約3,000万円というように、個人出荷品の17％を占めるまでに至っ

ている。また、ブランド品の出荷者数はコンクールの受賞以降に5人の増加[16]がみられるなど、取り組みの成果は出荷者の新規確保にもつながっている。同時に、市場ブランド品は地元の量販店等から地域特産品として認知され、仕入れや販売において優先的に取り扱われるだけでなく、2016年には都内の量販店や外食業者との取り引きが開始[17]されるなど、販路の拡大にも結びついている。また、KI社の取扱額も2013年の2億7,800億円から2015年には約4億円へと大幅に増加している。

　以上、本項においてはKA社、KB及びKC社、KI社を事例に、市場ブランドの確立に向けた取り組みについて検討を行った。その結果、湘南地域等の市場においては市場ブランドの確立に伴って、市場で取り扱われる青果物に対する小売業者や消費者の認知度が向上しただけでなく、商品性の向上や集荷力の強化がもたらされ、卸売業者の取扱額拡大や市場活性化が実現されつつあることが確認できた。

第6節　市場施設の更新による機能強化

（1）KA社のケース

　調査対象となった卸売業者のうち、2010年以降に市場施設の全面的な更新を行ったのは、本章の第2節でみたようにKA社とKE社の2社となっている。このため本節においては、これら2社による市場施設更新の経緯及び方法について検討した後、それによってもたらされた市場機能の向上について確認したい。

　KA社の市場施設更新の理由[18]と方法については**表2-14**のとおりである。再整備の理由から確認すると、同社は1981年に公設中央卸売市場として設置された当時の施設を継続して使用してきたが、30年以上が経過した2012年の段階においては老朽化が顕著となっており、その更新が必要であった点があげられている。そして、市場施設を更新した場合は長期間にわたって更新費用の償還を行わなければならず、このためより安定的かつ固定的な収入源の

第2章 都市近郊の地域流通市場における機能強化

表2-14 市場施設更新の理由と方法

	更新年	施設更新の理由	費用の償還方法	備考
KA社	2012年	施設の老朽化 テナント収入の確保	物流施設のテナント収入	更新により市場規模は縮小
KE社	2010年	施設の老朽化 借地収入の確保	有休地を量販店に貸与	更新により市場規模は縮小

資料：ヒアリング（2015年）により作成。

表2-15 KA社の市場施設更新による機能強化

単位：m²

	施設規模の変化			施設更新による機能強化
	移転前（A）	移転後（B）	B/A	
用地面積	139,369	140,483	1.01	保冷庫の拡大
卸売場	6,997	1,788	0.26	トラック等作業効率の向上
駐車場	17,064	10,549	0.62	加工機能の向上

資料：神奈川県資料、ヒアリング（2015年）により作成。

確保が求められることになった。それと同時に、2012年には市場の運営方法が従来の公設から民営[19]へと転換されており、それに伴う市場会計の独立採算化に対応するためにも新たな収入源の確保が必要となっていた。このような課題への対応方策として、KA社は施設更新後の市場敷地内に物流施設を設置し、それを食品関係の流通業者に貸し出すことによって、そこから得られるテナント収入を更新費用の償還等に充当するという方法がとられることになった。しかし、この方法は敷地面積を変えずにテナントを誘致しなければならないことから、更新後の市場への土地供用面積は縮小せざる得ない[20]という制約も存在していた。

KA社の施設規模について、更新の前後で比較したものが表2-15である。まず、市場の用地面積については13万9,369m²から14万483m²というように大きな変化はないが、卸売場は6,997m²から1,788m²と0.26倍の縮小、駐車場についても1万7,064m²から1万549m²と0.62倍にまで縮小しているように、施設規模では大幅なスケールダウンとなっている。

ただし、行政資料になかったために表出はしていないが、新市場には上記とは別に大屋根下卸売場（985m²）[21]がある他、4社の仲卸業者が使用する

仲卸売場（1,387m²）、KA社の関連流通業者が使用する分荷棟（742m²のうち、低温倉庫300m²、倉庫442m²）等が設けられている。さらに、施設内には後述のテナントが使用する配送棟と食品流通棟が設置されていることから、テナント供用分まで含めた市場施設の延床面積でみるならば、更新前の9,000m²から更新後には33,000m²にまで拡大し、冷凍・冷蔵施設面積も約600m²から7,400m²というように、大幅な拡大となっている。

　KA社の新たな市場施設については、卸売場は大型トラックによる搬入を前提として、トラックの荷台と同じ高さのプラットフォーム上に設置されることで作業者の労力負担の軽減や荷役効率の向上がもたらされている。同時に、市場専用の保冷庫も計914m²の施設規模で整備されているため市場の鮮度保持機能が向上するとともに、関連流通業者用の分荷棟も新設され、そこで仕分やパッキング等の作業が効率的に行われることによって、市場の物流機能や加工機能の強化[22]に結びついている。

　最後に、施設更新後に誘致された2社のテナント[23]について確認すると、新たに設置された配送棟を使用しているのはわが国でも最大手の加工食品卸売業者であり、同施設は同社が全国に設置する流通センターの一つとして運用されている。また、食品流通棟については食品専門の運送業者によって、営業所兼物流センターとして使用されている。

（2）KE社のケース

　市場施設の更新に関するもう一つの事例としてKE社について検討すると、概略は以下のとおりとなる。なお、同社の市場施設更新の理由と方法は前掲の表2-14を参照されたい。

　KE社の沿革に関する詳細は不明であるが、同社は地方卸売市場が制度化された1972年の段階で神奈川県の認可を受けているように、少なくともそれ以前から民設市場として卸売業務を行っていた。市場施設についても1972年に設置されたものを修復しながら用いてきたが、長年の使用による老朽化の進行によって全面的な更新が不可避となったことから、2010年に現在の施設

表2-16　KE社の市場施設更新による機能強化

単位：m²

	施設規模の変化			施設更新による機能強化
	移転前（A）	移転後（B）	B/A	
用地面積	6,757	3,454	0.51	保冷庫の拡大
卸売場	1,899	1,481	0.78	場内物流導線の改善
駐車場	1,200	1,393	1.16	

資料：神奈川県資料、ヒアリング（2015年）により作成。

に建て替えられている。しかし、更新にあたっては多額の整備費が必要となり、このためKE社は銀行等の金融機関から資金の借入を行うことになった。そして、借入金を長期間にわたって安定的に償還していくためには、本業である卸売業務に加えて、新たな収入源の確保が必要となった。その対策として同社は、新市場の施設規模を大幅に縮小しながら再整備するとともに、それによって創出された遊休地をKE社の販売先でもある量販店に貸し出し[24]、その地代収入を借入金の償還に充当するという方策をとることによって、施設の更新が可能となっている。

　KE社の施設更新に伴う施設規模の変化については**表2-16**のとおりである。市場の用地面積については6,757m²であったものが、更新後には0.51倍の3,454m²までに縮小している。なお、現在は市場用地として使用されていない3,303m²については量販店に貸し出され、同量販店が自社の店舗を設置している。次に、卸売場については1,899m²から1,481m²へと0.78倍に縮小している。駐車場については、旧市場の1,200m²から1.16倍の1,393m²に拡大しているように、市場利用者の利便性を考えて用地面積が縮小するなかでも配慮がなされている。また、データ的に新旧比較ができないことから表出はしていないが、KE社によれば施設更新によって冷蔵庫面積は約3倍になったとのことである。また、市場内の物流に関しても新施設では搬入・搬出に関する物流導線が整備されただけでなく、大型トラックが卸売場まで進入し、フォークリフトを用いた荷役作業が行えるなど、旧施設と比較して場内物流の効率化や作業者の労力負担の軽減がもたらされている。

　以上、本節においては卸売業者による市場施設の更新等に伴う機能強化に

ついて検討を行った。その結果、KA社及びKE社ともに更新に伴って市場の施設規模を縮小させる一方で、新たな施設では施設の効率的な配置や加工・冷蔵施設の拡充等を通じて、物流機能や加工機能、鮮度保持機能の強化が実現されていた。そして、施設更新に要した整備費を償還するために、新市場ではテナントの誘致や遊休地の貸し出しを行うことで収入を確保し、更新費用の償還に充当されていた。

第7節 小　括

　本章においては、神奈川県湘南地域等に所在する8つの青果物卸売市場に入場する9社の卸売業者を事例として、市場の集分荷について確認した後に、市場機能の強化に向けた取り組みについて検討を行った。

　最初に市場の集荷面からまとめると、卸売業者は個人出荷者や商系、農協、他市場等を組み合わせた集荷を行っており、いずれの卸売業者も相当割合を市場所在市周辺の個人出荷者から集荷していた。また、農協からの集荷については取扱規模が比較的大きな業者に限定されていた。その一方で、転送集荷に依存する卸売業者も多く、KA社とKB社以外については4割以上が転送によって集荷されていた。以上から同地域等の市場の多くは、市場周辺の個人出荷者が減少していることに加えて、農協から直接集荷するだけの集荷力がないこともあって、販売先から要求される数量を確保するため他市場からの転送に依存しながら現在に至ったと想定される。このような自律集荷の弱体化は前章の静岡県東部地域の市場においても確認されたが、湘南地域等においてはより顕著であり、同地域等の市場における課題といえよう。

　卸売業者の集荷に関する機能強化として、静岡県東部地域の市場で重用されていた通いコンテナは湘南地域等においても比較的早い段階から導入されていたが、現在では決して積極的に活用されるとはいえない状況であった。通いコンテナは、主として「出荷者→卸売業者→小売業者等」の限られた関係者間で行われる地域完結的な流通で使用される傾向が強いことを踏まえる

第 2 章　都市近郊の地域流通市場における機能強化

ならば、同地域等で利用が活発ではない一因には、個人出荷者や一般小売店の減少が関係していると考えられる。また、かつては盛んに行われていた巡回集荷に関しても、現状では総じて低調であった。その要因としては、出荷者数や出荷量の減少に伴って卸売業者としてのメリットが見いだせなくなった点があげられる。

次に、市場における取引方法についてみるならば、調査対象のなかにはKI社のように買付品に至るまでセリで販売する卸売業者が存在する一方で、セリを廃止した業者も4社存在しているように、同地域等ではセリによる価格形成の形骸化が顕著である。この点については、前章の静岡県東部地域と比較すればより一層明らかであろう。現在の卸売市場においてセリが活発に行われるための条件としては、市場周辺に多数の個人出荷者と一般小売店が同時に存在することが必要となるが、これを湘南地域等にあてはめるならば、川上・川下ともにこの条件が危うくなりつつあるということができる。

卸売業者の販売先は、主として関連流通業者に販売するKA社や一般小売店を中心とするKI社が存在する一方で、それ以外の7社については量販店と一般小売店を組み合わせた販売が行われていた。なかでも湘南地域等の市場においては、同一のチェーンスーパーが中小規模を含む複数の市場から青果物の調達を行っていたように、地場産野菜の仕入先として地域内の市場が利用されている可能性が高い。

卸売業者による集荷以外の機能強化に向けた取り組み内容としては、①選別規格の統一、②量販店に対する仕分・配送・パッキングの実施、③市場ブランドの確立、④市場施設の更新による機能高度化の4つに大別される。

このうち、①選別規格の統一は市場ブランドとの関係が深く、該当するKA・KD・KIの3社のうち2社までは市場ブランド確立の一環として行われていた。卸売市場に入荷する個人出荷品が統一的な基準によって選別されることは青果物の商品性が向上するだけでなく、青果物に「定質」を求める量販店のニーズにも応えることになり、卸売業者の販売力向上につながる取り組みということができよう。

②量販店に対する仕分・配送・パッキングの実施は、関連業者を介した対応も含めるならば、KI社を除く8社で行われていた。そして、卸売業者がこのような対応を取ることは、卸売業者が本来的な分荷機能に加えて、量販店に販売していくうえで不可欠な物流機能や加工機能を新たに獲得したことを意味している。

　③市場ブランドの確立については、KA、KB及びKC、KIの4社（3事例）が取り組んでいる。このうち、KA社は入荷する地場産青果物を市場ブランド品として差別化するだけでなく、統一的な選別による商品性の向上と組み合わせた展開を行っており、また、KI社は慣行品と比較して明らかに優位性等のあるものを市場ブランド品として認証していた。卸売業者によるこのような取り組みは、市場相場の下支えが可能となるだけでなく、量販店等への販路拡大につながる可能性が高いものといえる。

　④市場施設の更新による機能高度化を行った卸売業者はKA社及びKE社である。これら2社は更新前より市場施設を縮小させながらも、新施設においては場内物流動線の改善に加えて、大型トラックによる搬出入にも対応した物流施設の導入によって、物流機能の強化や作業者の労力負担軽減が実現されていた。同時に新施設においては、冷蔵施設の拡充による鮮度保持機能の向上、パッキング等の作業に対応した施設の設置による加工機能の強化が図られていた。そして、このような卸売業者の機能強化は、いずれも量販店等に販売していくうえで有利に作用するものということができる。また、施設更新に伴う経費を償還するため、検討を行った2社は新市場へのテナント誘致や旧市場用地を貸し出すという方法をとることによって、安定的かつ固定的な収入源の確保が図られていた。

　最後に、本章で検討した卸売業者における市場機能の強化に向けた取り組みは、量販店等の販売先だけでなく、個人出荷者も含めた出荷者の利便性向上にも帰結することから、今後のさらなる展開が期待されるところである。

第2章　都市近郊の地域流通市場における機能強化

注
1) 神奈川県庁に対するヒアリング（2015年）による。
2) 神奈川県の資料には表2-3で示す卸売業者以外に、KA社と同じ市場にもう1社の卸売業者（開設者を兼ねる）が記載されており、その取扱額も9億7,308万円となっている。しかし、同社の職員はKA社の職員が兼務しているように会社としての実態がなく、このため本章においてはKA社に含めて記述している。
3) KB社は茨城県内の生産者から野菜やいちご等を集荷しているが、この場合、出荷組合の名義となっている。
4) KF社における市場内のテナントからの調達は、同社の販売先である量販店からの追加発注に対して行われている。具体的には、KF社は集荷に関してKA社からの転送に依存しているが、KF社に対して夜間に行われる量販店からの追加発注については時間的な問題によりKA社から調達することができず、このため未明に横浜本場で仕入を行う市場内の青果物流通業者に、追加発注分の調達を依頼していることによる。
5) 『平成29年度卸売市場データ集』によれば、2016年度の全国の中央卸売市場における生産者個人からの集荷割合は野菜7.3％、果実4.4％であり、これに任意出荷組合を加えても野菜12.9％、果実8.3％に過ぎないように、調査対象における個人等からの集荷割合は相対的に高いということができる。
6) KE社の委託集荷には、市場で出荷者の希望価格が実現できなかった場合には卸売業者が希望価格で買い付けるという「委託買付」が含まれていることから、最終的な委託集荷率でみるならば80％よりも低くなっている。
7) KC社についても農協からの集荷には「委託買付」が含まれていることから、最終的な委託集荷率は25％以下に抑えられている。
8) KA社が使用するコンテナはレンタルであることから、コンテナの紛失対策や洗浄等の作業は貸しコンテナ業者が行っている。
9) KH社における個人出荷品の荷姿は、古段ボールが約70％を占めている。この場合、原産地表示義務を満たすため古段ボールに同社が考案したシールを貼付し、そこに出荷者が生産者名（または屋号）、品目、規格・入数、生産地等の情報を記入している。
10) これら青果物流通業者はKF社と同じ市場内に店舗を構えているものの、仕入の大部分をKF社以外から行っているように、卸売市場の仲卸業者というよりも場外流通業者と同様の業務を行うものである。
11) KA社は量販店に直接販売していないが、同社についても2012年に旧卸売業者から経営を継承して以降、同社の関連流通業者を介して量販店に販売するとともに、同関連流通業者が仕分・パッキング・配送といった量販店から求められる諸作業を担当している。

12) KG社が量販店への販売に後発となった背景には、同社は地域の一般小売業者の出資によって設立されたものであることから、その性格上、量販店を販売先として開拓できなかったという経緯の存在があげられる。なお、現在においてもKG社の出資者は地域の一般小売店が中心である。
13) KH社は職員の負担軽減を図るため、個人出荷者に対しても出荷者の段階でパッキングを行うことを奨励するとともに、パッキングされた出荷品に対しては価格的に高く評価することで対応している。
14) 地方卸売市場における卸売業者の本来的機能とは、出荷者から委託集荷した青果物に手を加えることなく、市場内においてセリまたは相対取引によって売買参加者に販売することに求められる。
15) 2017年3月に小田原市に対して行った補足調査では、KB及びKC社の市場ブランド確立に向けた取り組みの現状は以下のとおりである。市場ブランド品の対象は、小田原市を中心とする県西地域や湘南地域で生産された野菜であり、なおかつ生産履歴が記帳されているものと定められている。また、同時点では約20品目が認定されており、これら野菜は生産者によりロゴマークが貼付されて市場に出荷され、業者組合に加入している一般小売店等が市場で購入し、最終的に小売店等において消費者に供給されている。
16) KI社のブランド認定者を含む個人出荷者数をみるならば、受賞以降において約20名の増加となっている。このことから、コンクールの受賞は市場ブランド品の出荷者だけでなく、一般品も含めた集荷力の強化に結びついている。
17) KI社への追加調査（2016年12月）によれば、調査時現在においてスーパー等から新規取引の申し出は多いものの、市場ブランド品の絶対量の少なさにより対応できない状況にあるとのことであった。
18) KA社が市場施設の更新を推し進めた一因には、本文中に記した2つの理由に加えて、（株）全農青果センターの大和センターが2011年に平塚市へ移転したことがあげられる。具体的には、平塚市は藤沢市と地理的に近いこともあって、（株）全農青果センターの移転を機にそれまでKA社から青果物を調達していた量販店が仕入先を全農平塚センターに変更することを避けるため、KI社は市場施設の更新を行うことによって市場機能の強化を図っている。
19) 民営化後も市場用地は引き続き藤沢市の所有であることから、現在でも土地の貸借に関しては市との関係が継続している。2016年に藤沢市に対して実施したヒアリングによると、土地の賃借は2012年から30年間の契約となっており、最初の15年間は借地料を低く見積もっているが、それ以後は引き上げが予定されている。なお藤沢市によれば、2016年現在の借地料は土地の固定資産税にほぼ等しい金額とのことである。これは、KA社が藤沢市に支払う借地料が、その土地が自社所有であった場合に納める固定資産税に等しいことを意味しており、同社の借地料は実質的に発生していないといえる。

第 2 章　都市近郊の地域流通市場における機能強化

20) KA社の卸売場面積は施設更新によって大幅に縮小しているが、それが可能となった一因には、場内物流の効率化と併せて、KA社が入場する市場の取扱額が最盛期と比べて大幅に減少したという点を指摘できる。具体的には、1980年代には100億円を越えていた取扱額は、2013年には66億円にまで減少している。
21) 大屋根下卸売場から冷凍・冷蔵施設までの面積は、いずれもKA社資料による。
22) 物流機能及び加工機能が強化されたことを具体的な数値データで示すことは難しいが、ヒアリングにおいてはKA社だけでなく後述のKE社ともに、市場施設を更新することで大幅な効率化が実現された点を指摘している。
23) テナントが入る施設はKA社が所有する施設であることから、2社のテナントはKA社に施設の使用に対する賃借料を支払っている。これら2社は生鮮食品を取り扱う市場関係業者ではないが、KA社と藤沢市との申し合わせでは、食品を扱う流通業者であるならばテナントとして入場させることに問題はないと取り決められている。なおKA社によれば、同社が現在の市場に入場を決定した理由には、市場敷地内にテナントを誘致し、そこからの賃料収入が得られることが前提であったとのことである。
24) このような方法が可能となった背景には、かつてKE社には出荷ケースに入れられずに出荷され、卸売場に直接置かれることから多くの売場面積が必要となる個人出荷品が大量に入荷していたが、これらは経年的に大きく減少したことによって、施設更新時にはかつてほど広い卸売場が必要ではなくなっていた点があげられる。さらに、KE社の取扱額は2002年に17億1,830万円であったものが、2014年には10億1,408万円にまで減少しているように、市場の施設規模には取扱量の減少に伴う余裕が生じていた。

第3章

大都市に立地する地域流通市場等における機能強化

第1節　はじめに

　青果物の卸売市場流通は、経年的な量販店の大規模化や農協における広域合併の進展に伴って広域流通化や大量流通に適応していくことが求められており、それに加えて量販店等の販売先からは、取扱商品の鮮度保持やより細やかな仕分・パッキング、配送等の諸業務に対応していくことが要求されている。このため、卸売市場においても開設者や卸売業者、仲卸業者等によって、施設整備や機能強化に向けた各種の取り組みが展開されてきたという経緯が存在している。それと同時に、仲卸制度のない地方卸売市場においては本書の第1章及び第2章でみたように、卸売業者が上記の諸業務を担うことによって市場機能の強化が図られている。また、市場ごとに傾向の相違はあるものの、卸売業者は地域の個人出荷者からの集荷を促進するため、通いコンテナの活用や卸売業者による巡回集荷等の取り組みを通じて、市場の集荷機能の強化が図られている。

　しかし、このような個人出荷者に対する集荷促進に向けた取り組みは、神奈川県湘南地域等と比較して静岡県東部地域でより活発に行われていたことから推測できるように、市場周辺において園芸生産が盛んに行われるとともに、個人出荷者によって地域内の市場に対する出荷も盛んであるという前提条件の下で展開されてきた可能性も考えられる。また、仕分・パッキング・配送等といった市場の分荷に関する機能は、主として量販店対応の拡大・深化に伴って強化されてきたことはすでにみた通りである。しかし、静岡県東

99

部地域や神奈川県湘南地域等の卸売市場において量販店への販売が拡大した背景には、これら地域には拠点的な市場が存在しないことから、地域内の量販店は中小規模ではあっても地元内市場を青果物の調達先として利用せざるを得なかったという要因の存在も想定されるところである。

　一方、本章で検討を行う東京都多摩地域等は両地域と比較して都市化の進展がより著しく、このため地域内における園芸生産も決して盛んとはいえない状況にある。また、同地域内の青果物市場は中小規模のものだけでなく、地方卸売市場ではあるものの取扱額でみるならば拠点的な中央卸売市場を凌ぐ規模の市場が存在するとともに、地域内の量販店も高速道路を利用すれば大田市場等の拠点市場からの調達も可能であるというように、既にみた2地域とは青果物の生産・流通を取り巻く環境に、相当の相違が存在している。このため本章の第1の課題としては、東京都多摩地域等に立地する4つの地方卸売市場の卸売業者に対して2016年に行ったヒアリング調査の結果に基づいて、これら市場における集分荷の実態について明らかにすると共に、卸売業者が展開する市場機能の向上に向けた取り組みの実態、及びそれによってもたらされた市場機能の強化について検討を行う。

　次に、地方卸売市場が制度化されてから50年近くが経過するなかで、現在では多くの市場において市場施設の老朽化が課題となっている。本書においても前2章では市場の移転や施設の更新を行った事例について検討しただけでなく、それに要する資金の調達方法についても確認を行っている。しかし、その対象は比較的小規模な市場であり、市場開設者や卸売業者等が施設整備について検討を行ううえでの知見とするためには、地域の消費需要に対する責任がより重く、かつ個人出荷者等の販売先としての役割も求められる大規模市場についての検討も必要となろう。このため本章の第2の課題として、「地域流通市場」の概念からは逸脱するだけでなく、その検討結果の一般化という意味でも難があるかも知れないが、多摩地域の拠点的な民設地方卸売市場を事例として、同市場が2003年から2006年にかけて実施した施設更新の経緯や新施設の概要について検討するとともに、施設更新によってもたらさ

第3章 大都市に立地する地域流通市場等における機能強化

れた市場の各種機能の強化について明らかにすることとしたい。

第2節　東京都多摩地域等と調査対象卸売業者の概要

（1）東京都多摩地域等の概要

　本章で検討する4社の卸売業者のうち、3社については東京都多摩地域内で営業活動を行っているが、残りの1社は練馬区内に所在している。このため、本章において多摩地域と練馬区を一括して取り扱う場合は「多摩地域等」と表記する。ここで多摩地域の概要について確認すると、同地域には東京都の23区と島嶼部を除く比較的広い範囲が含まれていることから、都内の行政機関等においては**図3-1**及び**表3-1**で示すように、北多摩北部エリア（5市）、北多摩南部エリア（6市）、北多摩西部エリア（6市）、南多摩エリア（5市）、西多摩エリア（4市1郡）というように、5つのエリアに区分されることが多い。

図3-1　東京都多摩地域等の概要

表3-1 東京都多摩地域等の人口及び耕地面積等（2015年）

単位：千人、人、人/km²、千ha、ha、%

	総人口	人口密度	実数						構成比					
			総土地面積	耕地面積					総土地面積	耕地面積				
				経営耕地総面積							経営耕地総面積			
					田	畑	樹園地				計	田	畑	樹園地
全国	128,226	339	37,797	4,496	3,451	1,947	1,316	188	100.0	11.9	9.1	56.4	29.3	5.5
東京都	13,297,585	6,069	219,093	7,130	4,245	226	2,926	1,093	100.0	3.3	1.9	5.3	68.9	25.7
多摩地域等	4,167,948	3,593	116,007	5,458	3,103	147	2,299	656	100.0	4.7	2.7	4.7	74.1	21.1
練馬区	714,656	14,864	4,808	…	160	0	132	28	100.0	…	3.3	0.0	82.5	17.5
北多摩北部エリア	727,505	9,509	7,651	928	740	3	602	135	100.0	12.1	9.7	0.4	81.4	18.2
西東京市	198,267	12,588	1,575	166	152	1	127	23	100.0	10.5	9.7	0.7	83.6	15.1
東久留米市	116,494	9,045	1,288	176	144	1	118	26	100.0	13.7	11.2	0.7	81.9	18.1
清瀬市	74,374	7,270	1,023	205	168	−	157	11	100.0	20.0	16.4	−	93.5	6.5
東村山市	151,412	8,834	1,714	173	129	1	88	40	100.0	10.1	7.5	0.8	68.2	31.0
小平市	186,958	9,115	2,051	208	147	0	112	35	100.0	10.1	7.2	0.0	76.2	23.8
北多摩南部エリア	999,495	10,401	9,610	625	485	30	352	100	100.0	6.5	5.0	6.2	72.6	20.6
武蔵野市	142,138	12,945	1,098	34	40	4	27	9	100.0	3.1	3.6	10.0	67.5	22.5
三鷹市	182,092	11,090	1,642	154	140	0	99	40	100.0	9.4	8.5	0.0	70.7	28.6
調布市	224,191	10,389	2,158	153	98	3	77	17	100.0	7.1	4.5	3.1	78.6	17.3
狛江市	79,096	12,378	639	39	29	−	23	6	100.0	6.1	4.5	−	79.3	20.7
小金井市	117,427	10,392	1,130	77	71	1	55	14	100.0	6.8	6.3	1.4	77.5	19.7
府中市	254,551	8,649	2,943	168	107	22	71	14	100.0	5.7	3.6	20.6	66.4	13.1

第3章　大都市に立地する地域流通市場等における機能強化

北多摩西部エリア	644,008	7,152	9,005	858	664	17	507	143	100.0	9.5	7.4	100.0	2.6	76.4	21.5
国分寺市	119,379	10,417	1,146	151	147	0	124	23	100.0	13.2	12.8	100.0	0.0	84.4	15.6
国立市	74,558	9,148	815	62	34	7	24	4	100.0	7.6	4.2	100.0	20.6	70.6	11.8
東大和市	86,162	6,420	1,342	77	47	-	33	14	100.0	5.7	3.5	100.0	-	70.2	29.8
立川市	179,090	7,352	2,436	293	270	1	199	70	100.0	12.0	11.1	100.0	0.4	73.7	25.9
武蔵村山市	72,092	4,706	1,532	200	129	3	103	25	100.0	13.1	8.4	100.0	2.3	79.8	19.4
昭島市	112,727	6,501	1,734	75	37	6	24	7	100.0	4.3	2.1	100.0	16.2	64.9	18.9
南多摩エリア	1,404,275	4,325	32,471	1,607	724	62	482	182	100.0	4.9	2.2	100.0	8.6	66.6	25.1
稲城市	86,594	4,819	1,797	133	96	6	35	55	100.0	7.4	5.3	100.0	6.3	36.5	57.3
多摩市	147,486	7,020	2,101	40	24	2	12	11	100.0	1.9	1.1	100.0	8.3	50.0	45.8
町田市	426,648	5,942	7,180	505	252	16	188	48	100.0	7.0	3.5	100.0	6.3	74.6	19.0
日野市	180,975	6,569	2,755	157	77	10	48	20	100.0	5.7	2.8	100.0	13.0	62.3	26.0
八王子市	562,572	3,018	18,638	772	275	28	199	48	100.0	4.1	1.5	100.0	10.2	72.4	17.5
西多摩エリア	392,665	686	57,270	1,440	490	35	356	96	100.0	2.5	0.9	100.0	7.1	72.7	19.6
福生市	58,553	5,763	1,016	14	8	0	6	1	100.0	1.4	0.8	100.0	0.0	75.0	12.5
羽村市	56,604	5,718	990	40	32	4	26	3	100.0	4.0	3.2	100.0	12.5	81.3	9.4
あきる野市	81,697	1,112	7,347	421	135	17	91	26	100.0	5.7	1.8	100.0	12.6	67.4	19.3
青梅市	137,052	1,327	10,331	462	155	12	114	28	100.0	4.5	1.5	100.0	7.7	73.5	18.1
西多摩郡	58,759	156	37,586	503	160	2	119	38	100.0	1.3	0.4	100.0	1.3	74.4	23.8
瑞穂町	33,808	2,006	1,685	263	116	1	87	29	100.0	15.6	6.9	100.0	0.9	75.0	25.0
日の出町	17,062	608	2,807	118	39	0	29	9	100.0	4.2	1.4	100.0	0.0	74.4	23.1
奥多摩町	5,510	24	22,553	57	1	0	0	0	100.0	0.3	0.0	100.0	0.0	0.0	0.0
檜原村	2,379	23	10,541	65	4	1	3	0	100.0	0.6	0.0	100.0	25.0	75.0	0.0

資料：「平成27〜28年東京農林水産統計年報」より作成。
注：…は事実不詳を意味する。

表3-2 東京都多摩地域等の農業経営体 (2015年)

単位：1,000×実数、実数、％

	実数							構成比							
	農業経営体数	販売のあった経営体	単一経営経営体					農業経営体数	販売のあった経営体数	単一経営経営体					
				稲作	露地野菜	施設野菜	果樹類			計	稲作	露地野菜	施設野菜	果樹類	
全国	1,377	1,245	990	627	77	42	124	100.0	90.4	71.9	100.0	63.3	7.8	4.3	12.5
東京都	6,023	5,380	3,638	46	1,813	114	615	100.0	89.3	60.4	100.0	1.3	49.8	3.1	16.9
多摩地域等	4,461	3,906	2,479	26	1,351	40	513	100.0	87.6	55.6	100.0	1.0	54.5	1.6	20.7
練馬区	318	306	217	-	148	2	35	100.0	96.2	68.2	100.0	-	68.2	0.9	16.1
北多摩北部エリア	980	944	615	-	369	14	116	100.0	96.3	62.8	100.0	-	60.0	2.3	18.9
西東京市	180	170	112	-	57	6	18	100.0	94.4	62.2	100.0	-	50.9	5.4	16.1
東久留米市	204	194	142	-	96	1	20	100.0	95.1	69.6	100.0	-	67.6	0.7	14.1
清瀬市	178	178	126	-	96	4	6	100.0	100.0	70.8	100.0	-	76.2	3.2	4.8
東村山市	190	182	95	-	42	-	34	100.0	95.8	50.0	100.0	-	44.2	-	35.8
小平市	228	220	140	-	78	3	38	100.0	96.5	61.4	100.0	-	55.7	2.1	27.1
北多摩南部エリア	783	753	451	5	248	7	73	100.0	96.2	57.6	100.0	1.1	55.0	1.6	16.2
武蔵野市	63	63	45	-	34	-	8	100.0	100.0	71.4	100.0	-	75.6	-	17.8
三鷹市	214	202	131	-	67	-	26	100.0	94.4	61.2	100.0	-	51.1	-	20
調布市	162	161	86	-	48	1	10	100.0	99.4	53.1	100.0	-	55.8	1.2	11.6
狛江市	64	63	39	-	27	1	3	100.0	98.4	60.9	100.0	-	69.2	2.6	7.7
小金井市	105	102	58	-	23	3	11	100.0	97.1	55.2	100.0	-	39.7	5	19.0
府中市	175	162	92	5	49	2	15	100.0	92.6	52.6	100.0	5.4	53.3	2.2	16.3

第3章　大都市に立地する地域流通市場等における機能強化

								100.0	86.8	59.0	0.6	56.9	1.0	14.4
北多摩西部エリア	826	717	487	3	277	5	70	100.0	86.8	59.0	0.6	56.9	1.0	14.4
国分寺市	163	150	107	—	49	—	18	100.0	92.0	65.6	—	45.8	—	16.8
国立市	54	50	37	2	27	—	6	100.0	92.6	68.5	5.4	73.0	—	16.2
東大和市	93	81	48	—	25	1	11	100.0	87.1	51.6	—	52.1	2.1	22.9
立川市	277	241	170	—	95	2	15	100.0	87.0	61.4	—	55.9	1.2	8.8
武蔵村山市	173	140	93	—	67	2	11	100.0	80.9	53.8	—	72.0	2.2	11.8
昭島市	66	55	32	1	14	—	9	100.0	83.3	48.5	3.1	43.8	—	28.1
南多摩エリア	1,176	980	622	14	313	8	203	100.0	83.3	52.9	2.3	50.3	1.3	32.6
稲城市	182	173	132	—	26	—	102	100.0	95.1	72.5	—	19.7	—	77.3
多摩市	25	22	9	—	5	1	3	100.0	88.0	36.0	—	55.6	11.1	33.3
町田市	410	311	175	2	118	1	20	100.0	75.9	42.7	1.1	67.4	0.6	11.4
日野市	154	134	71	4	29	3	30	100.0	87.0	46.1	5.6	40.8	4.2	42.3
八王子市	405	340	235	8	135	3	48	100.0	84.0	58.0	3.4	57.4	1.3	20.4
西多摩エリア	696	512	304	4	144	6	51	100.0	73.6	43.7	1.3	47.4	2.0	16.8
福生市	18	17	8	—	4	—	1	100.0	94.4	44.4	—	50.0	—	12.5
羽村市	60	55	32	—	18	2	3	100.0	91.7	53.3	—	56.3	6.3	9.4
あきる野市	203	148	78	3	44	1	16	100.0	72.9	38.4	3.8	56.4	1.3	20.5
青梅市	197	137	75	1	34	1	14	100.0	69.5	38.1	1.3	45.3	1.3	18.7
西多摩郡	218	155	111	—	44	2	17	100.0	71.1	50.9	—	39.6	1.8	15.3
瑞穂町	142	106	83	—	37	—	5	100.0	74.6	58.5	—	44.6	—	6.0
日の出町	65	43	22	—	6	2	12	100.0	66.2	33.8	—	27.3	9.1	54.5
奥多摩町	3	3	3	—	1	—	—	100.0	100.0	100.0	—	33.3	—	—
檜原村	8	3	3	—	—	—	—	100.0	37.5	37.5	—	—	—	—

資料：『平成27〜28年東京農林水産統計年報』より作成。

多摩地域等の人口は2015年現在で416万人を超えており、東京都全体（1,329万人）の３割強を占めているように、そこには膨大な消費需要が存在している。同地域等の総土地面積は東京都の過半となる116,007haであることから、人口密度は3,593人/km²となっている。人口密度については東京都全体の6,069人/km²より少ないものの、既にみた静岡県東部地域の501人/km²や神奈川県湘南地域等の2,765人/km²を上回る数値である。多摩地域においても西多摩エリアや南多摩エリアには山林が含まれているので単純に比較はできないが、上記を踏まえるならば同地域等は、都市近郊というよりも都市そのものというべき地域であろう。

　次に耕地面積について確認すると、東京都の7,130haのうち同地域等だけで5,458ha（76.5％）を占めているように、都内では比較的農地が維持されている地域ということができる。しかし、耕地は総土地面積の4.7％に過ぎないように、わずかに残存しているともいうべき構成比である。また、経営耕地総面積については総土地面積の2.7％にあたる3,103haとなっているが、その内訳をみるならば畑が74.1％、樹園地は21.1％であるのに対して田は4.7％でしかないように、畑に特化するという特徴がある。

　多摩地域等の農業経営体については**表3-2**のとおりである。農業経営体の総数は4,461であり、東京都の6,023の７割以上を占めている。このうち販売実績があるものは3,906、単一経営経営体では2,479となっており、いずれも都全体の７割前後を占めている。多摩地域等における単一経営経営体の作目については、野菜のなかでも露地野菜が54.5％と突出して高くなっていることから、露地野菜の生産に特化する傾向が強い。また、果樹類についても20.7％を占めており、全国や東京都全体と比較して高くなっている。これを市町村別にみても大きな傾向の相違は確認できないが、果樹類については稲城市や西多摩郡日の出町、日野市、東村山市など特定の市町に集中している。

　本項において確認したように、多摩地域等は人口密度の高さや総土地面積に占める経営耕地総面積率の低さで示されるように、山林を除けば非常に都市化の進んだ地域ということができる。このため、同地域等内の卸売市場は

第3章 大都市に立地する地域流通市場等における機能強化

膨大な消費需要に対する青果物の供給拠点として、重要な役割を果たしていると考えられる。また同地域内等の農業に関しては、東京都全体でみるならば相対的に耕地が存在しているだけでなく、農業生産も比較的継続されている地域とみなすことができる。そして、そこで展開されている農業生産は露地野菜に特化していることを踏まえるならば、同地域等内の卸売市場は地元生産者の出荷先として活用され、地域流通の拠点としての役割を果たしていることが想定される。以上から、同地域等の卸売市場の重要性は決して低くはなく、その長期的な存続が求められていることは明らかであろう。

(2) 調査対象卸売業者の概要

多摩地域等の青果物卸売業者の概要を取扱規模順に整理したものが表3-3であり、その位置関係については図3-2のとおりとなる。同表にあるように、都内にはTA社からTE社までの5つの民設地方卸売市場が設置されており、合計5社の卸売業者が業務を行っている。所在地については、TD社が練馬区となっている以外は全て多摩地域に立地している。5社の卸売業者のうちヒアリング調査を実施したのは、TE社を除く4社[1]となっている。調査対象となった卸売業者の概要について個別に確認すると、概略は以下のとおりとなる。

TA社は国立市谷保にあり、1947年に多摩地域にある10市場を運営する卸売会社として設立されている。同社が運営する市場は最も多い時期には13市場あったが、その後、1973年に立川・府中・中央の3市場を統合したうえで国立市場が設置されるなど、整理統合が繰り返し行われている。そして、2006年には本社機能を三鷹市場から国立市場に移すとともに、2007年に三鷹市場を国立市場に統合することによって、現在の市場配置となっている。また、TA社の国立市場は2006年から2012年にかけて、市場としての営業を続けながら市場施設の全面的な更新を行っている。

TA社の2016年における取扱額は700億9,300万円となっているように、都内地方卸売市場として突出している[2]だけでなく、全国の中央卸売市場の

表3-3 卸売業者の概要

単位：百万円、年

	所在地	取扱額	開設年	備考
TA社	国立市谷保	70,093	1973	1947年に武蔵野市場を本社として設立 1973年に3市場の統合により現在地に設置 2007年に三鷹市場を統合 1997～2012年に市場施設を全面更新
TB社	東久留米市下里	15,617	1969	TA社の支店 1969年に田無市場と小平市場の統合により設置 2012～2013年に卸売場を除く市場施設を更新
TC社	八王子市北野町	5,041	1972	1950年に八王子市内で設立 1度の移転を経て、1972に現在地に再移転 2001年に同市内地方卸売市場を合併 2003年にTC社が卸売業者となる
TD社	練馬区高野台	4,174	1964	淀橋市場卸売業者の支社 1946年に淀橋分場の練馬配給所として設置 1964年までに練馬分場となる 2003年に杉並分場を統合して地方卸売市場となる 2005年にTE社が卸売業者となる
TE社	青梅市藤橋	357	1952	ヒアリング調査は不実施 1952年に設立 1965年、現在地に移転

資料：東京都資料、ヒアリング（2016年）により作成。
注：取扱額は2016年の実績である。

図3-2 調査対象卸売業者等の所在地

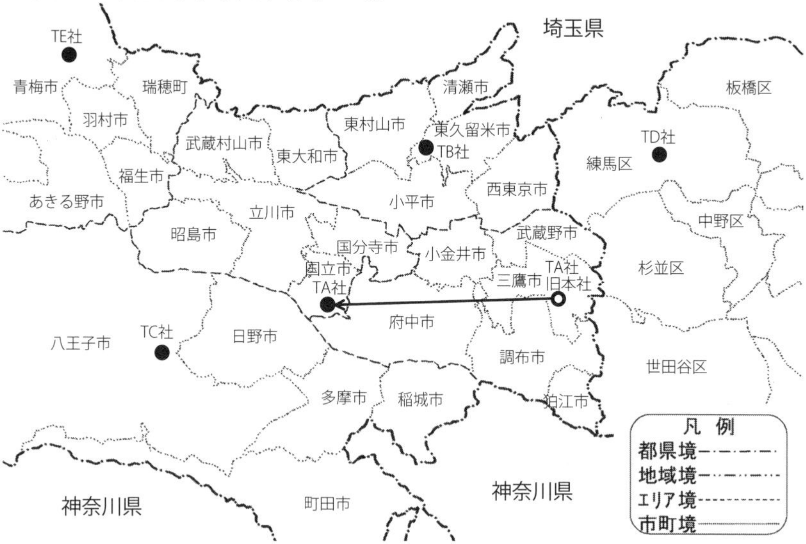

第3章　大都市に立地する地域流通市場等における機能強化

卸売業者[3]と比較しても大きな取扱規模といえる。このことから、同社は序章で定義したところの地域流通市場というよりも、後述の集分荷構造からも明らかなように全国有数の拠点市場というべき性格のものである。また、TA社には同社の支社であるTB社だけでなく、関連業者として多摩ニュータウン市場の卸売業者（1社）及び仲卸業者（1社）、市場内に事務所を持つ青果物流通業者（3社）、さらには運送業者（1社）[4]が存在している。

　TB社はTA社の東久留米支店であり、その取扱額は156億1,700億円となっているように都内地方卸売市場として第2の規模であるだけでなく、地方都市の中央卸売市場にも匹敵する規模ということができる。TB社は東久留米市下里にあり、1969年に既存の田無市場と小平市場を統合することによって設立されている。また、同社では2012年から2013年の2箇年をかけて、卸売場を除く市場施設が更新されている。なお、TB社の本社であるTA社には、前述のように多くの市場を統合しながら現在の規模にまで取扱額を拡大してきたという経緯が存在しているが、TB社が統合されることなく現在まで維持されてきた一因としては、第3節でみるように市場周辺に多くの個人出荷者が存在していた点があげられている。

　TC社が入場する市場は2003年に卸売業者が代わっているが、市場自体は1950年に八王子市の市街地内で設立されている。その後、1962年に同市郊外の中野町への移転を経て、1972年に現在地に再移転して以降は継続して同地で業務が行われている。また、2001年には八王子市内にある他の地方卸売市場を吸収合併したが、2003年に旧卸売業者が経営破綻したことから、現在のTC社へと経営が引き継がれている。同社の2016年における取扱額は50億4,100万円である。なお、表記してはいないがTC社の出資者の多くは地元の一般小売店によって占められているように、同社は主として小売業者によって設立されたものである。

　TD社は多摩地域ではなく練馬区高野台にあるが、同社が23区内に設置された一因には「練馬だいこん」という言葉に象徴されるように、かつての練馬区が野菜生産の非常に盛んな地域であったことがあげられる。また現在の

TD社は、東京都中央卸売市場淀橋市場の卸売業者の支社という位置付けであるが、そこに至るまでの経緯は以下のとおりである。同社が入場する市場の起源は、1946年に設置された東京都中央卸売市場淀橋分場の練馬配給所にまで遡る。同配給所は1949年に一度移転し、さらに1964年には現在地へ練馬分場として再移転している。その後、2003年に東京都卸売市場審議会の答申を踏まえて練馬分場に杉並分場を統合するとともに、卸売業者についても統合されたという経緯から、現在のTD社が市場の運営を行うようになっている。なお、2016年における同社の取扱額は41億7,400万円である。

　以上が調査対象となった卸売業者であるが、多摩地域等の地方卸売市場[5]には上記以外にTE社が存在しており、ここにおいて併せて確認したい。TE社は青梅市藤橋にある取扱額3億5,700万円の卸売業者である。同社は1952年に設立され、1965年に現在地へと移転している。TD社が立地する青梅市は都内でも比較的郊外にあたるとともに、青果物生産が盛んな地域でもあることから、同社は地域の農業生産者から野菜等の販売先として利用されていると考えられる。

　以上、調査対象となった卸売業者について確認を行った。これら卸売業者は突出した規模のTA社と中小規模の他3社とに大別されており、多摩地域

表3-4　卸売業者の集荷概要

	出荷者構成					委託集荷率	東京都産率	選別基準
	個人	商系	系統	他市場	合計			
TA社	6	2	82	10	100	80	5	無
TB社	3	2	75	20	100	70	4	無
TC社	10	20	40	30	100	50	10	無
TD社	12	25	38	25	100	50	6	無

資料：ヒアリング（2016年）により作成。
注：構成比は金額に基づく概数である。

第3章 大都市に立地する地域流通市場等における機能強化

等における市場配置の特徴となっていた。

第3節 卸売業者の集荷概要と機能強化

(1) 卸売業者の集荷概要

1) 卸売業者の出荷者構成

　本節においては、調査対象における集荷及び分荷の概要について確認した後に、集分荷に関する市場の機能強化について検討したい。最初に**表3-4**に基づいて出荷者構成からみると、概略は以下のとおりとなる。

　TA社の集荷に関しては、全国の農協系統組織が全体の82％を占めており、拠点的な中央卸売市場と共通性の高い構成ということができる。農協以外では、他市場が10％、個人等が6％、商系が2％である。なお、個人出荷者には出荷組合（2％）と生産法人（2％）が含まれているが、この場合も出荷者ごとに市場までの輸送や評価、代金精算が行われているように、実質的には個人出荷というべきものである。なお、TA社の個人からの集荷は構成比としては決して高くないが、同社は取扱額の大きな業者であることから金額的には他3市場を大きく上回っている[6]ように、地域流通という視点から

単位：％

巡回集荷	コンテナ利用	備　　考
無	無	個人は出荷組合（2％）と生産法人（2％）を含む
無	無	系統は実質的な個人を含む 系統の一部は加工食品 他市場はTA社（7％）を含む
無	有	個人は出荷組合を含む 一部で折りたたみ式コンテナが使用
無	無	個人の一部は商流上農協を経由 個人は近郷6％、遠隔6％ 系統は本社業務の代行（7％）を含む

111

も重要な位置付けの市場といえる。

　TB社も農協系統組織の構成比が高く、全体の75％を占めている。しかし系統の一部には、実質的な個人出荷者が商流のみ農協を経由させるケースが含まれている。また、一部ではあるが福島県や群馬県、千葉県の農協からは加工食品も集荷している。農協以外では、他市場からの転送が20％、個人出荷が3％、商系が2％となっている。このうち、他市場については同社の本社であるTA社の割合が高く、7％を占めている。また、商系の所在地は関西や北関東、北海道を含む全国に及んでいる。TB社の集荷で特徴的なのは、同社が直接農協から集荷していても実際にはTA社の集荷力に依存しているケースが多く含まれる点があげられる。具体的には、TB社が扱う野菜の30％[7]及び果実の90％については、実質的に本社仕入[8]というべきものである。このためTB社の集荷地域も、TA社と同じく広域に及んでいると考えられる。

　TC社については農協系統組織の構成比が40％と前2社と比較して低くなり、それに代わって他市場（30％）や商系（20％）が高くなっている。このうち転送については、距離的に近く取扱量の大きいTA社や淀橋市場の卸売業者から買い付けられている。また、商系については全国の集出荷業者等から集荷しているが、農協と比較して商系は出荷を要請しやすい点が、取扱額が多くなる理由として指摘されている。個人出荷者については10％であるが、TC社によれば1985年頃は20％程度を占めていたとしているように、この間、大きく構成比を低下させている。

　TD社の場合は農協系統組織が38％となっているが、このうち7％は後述する淀橋市場の卸売業者である本社の業務代行に該当するものであり、この場合は集荷に関しても本社によって行われている。また、他市場からの調達についても本社が転送元となっているように、TD社は集荷の3割以上を本社に依存している。それ以外では、商系が25％、個人が12％（都内6％、都外6％）である。

　以上、調査対象における出荷者構成について確認したが、大規模業者では

第3章　大都市に立地する地域流通市場等における機能強化

農協系統組織の構成比が高い一方で、取扱額が小さくなるにしたがって農協が低下し、それに代わって個人や商系等が増加する傾向にあることが確認できた。このため、TC社やTD社など比較的規模の小さな卸売業者では個人の割合が1割以上を占めているように、集荷面において地域流通市場的な性格を残しているということができる。また、TB社やTD社については集荷面で本社に依存するなど、本社との深い関係の存在が確認できた。

2）卸売業者の集荷方法と都産品割合

　調査対象卸売業者の集荷方法と東京都産青果物の構成比については以下のとおりである。

　ここで、集荷方法について確認する前に表3-4で示した委託集荷率について説明するならば、同表で示したものは市場における取引後の構成比である。というのもTB社が指摘するように、実際の取り引きにおいては出荷者が委託で出荷したとしても市場で形成された価格が出荷者の希望価格に届かなかった場合、卸売業者が出荷者から希望価格で買い付けるという「委託買付」が広範に行われている。このため、卸売業者の集荷段階でみた委託集荷率は、同表で示したものより幾分高くなっていると考えられる。そこで調査対象の委託集荷率をみるならば、TA社は80％、TB社は70％、TC社とTD社ではそれぞれ50％になるなど、概して取扱規模が小さくなるほど委託集荷率も低くなっている。このことから、小規模な卸売業者は買い付けによらなければ、必要とする数量を確保できない構図を読み取ることができる。

　調査対象ごとに集荷方法の具体的内容をみるならば、以下のとおりとなる。TA社は買付の大部分が果実によって占められているが、その理由として、①果実は出荷者との事前約束がなければ集荷できないケースが多い、②果実を農協から集荷する場合、産地の出荷段階で希望価格ではなく定価が指定されるケースが多い、③果実は出荷者から前渡金が要求されることが多いの3点が指摘されている。同じくTB社においても、買付は果実が中心的である。一方、TC社及びTD社においては、買付集荷の出荷者は商系と他市場が中心

的であり、農協と個人は主として委託によって集荷されている。

　以上から、野菜と果実を比較すれば果実の買付率が高く、出荷者の属性でみるならば個人と農協は委託が中心的であり、転送と商系に関しては買付の構成比が高くなる傾向にあると考えられる。

　続いて、取り扱う青果物に占める東京都産の構成について確認するならば、4社とも10％以下となっている。そして都産品の出荷者は、その大部分が個人出荷者となっている。また、都産率が最も高いのはTC社であるが、その理由として、同社は調査事例中最も西寄りの八王子市に立地しており、このため市場周辺地域における都市化の進展が比較的緩やかであるため、農業生産も比較的盛んであることが理由として考えられる。このように調査対象における都産品割合の低さからも、調査対象市場の性格は静岡県東部地域や神奈川県湘南地域等と比較して、集荷面における地域流通市場的な性格は希薄であるといえよう。

3）個人出荷者の所在地

　調査対象卸売業者における個人出荷者の所在地について、**表3-5**に基づいて確認したい。

　TA社の個人出荷者は登録上の概数で500人となっているが、比較的継続的な出荷実態のあるものは200人であり、季節的には葉物野菜やブロッコリー等の出荷期となる秋から冬の時期が多くなっている。しかし同社の出荷者数は、市場の取扱規模を踏まえるならば決して多くはない[9]ということができる。これら出荷者の所在地は一部に山梨県や埼玉県も含んでいるが、その中心は国立市や府中市、日野市等といった市場所在市及びその隣接市である。

　TB社は東久留米市に立地しているが、個人出荷者に関しては農地が多く残る清瀬市や埼玉県所沢市等が中心的である。出荷者数も常時で50～60人／日となっているが、生産者のリタイヤに加えて、近年はスーパーのインショップやネット販売等へと販売方法を転換する出荷者も多く、減少が顕著とのことである。

第3章　大都市に立地する地域流通市場等における機能強化

表3-5　卸売業者の個人出荷者からの集荷

単位：人

	出荷者数	出荷者の所在地	備　　考
TA社	500	国立市、府中市、日野市等	常時出荷者では200人 遠方は埼玉県・山梨県
TB社	50～60	清瀬市、所沢市が中心的	
TC社	100	八王子市及び周辺市で90%	残り10%は神奈川県・埼玉県・山梨県等
TD社	50	近郷：練馬区、杉並区、埼玉県等 遠隔：茨城県、群馬県等	近郷の常時出荷者は10～15人/日 遠隔の常時出荷者は茨城県3人、群馬県2人等

資料：ヒアリング（2016年）により作成。
注：1）出荷者数は出荷実態のある出荷者である。
　　2）出荷者数及び構成比は概数である。

　TC社の個人出荷者も高齢化による廃業に加えて、農産物直売所等への転換によって減少傾向にあり、出荷実態のあるものは100人程度となっている。個人出荷者の所在地は市場所在市である八王子市内やその周辺市町が多く、これらで全体の90%を占めている。残りの10%は神奈川県や埼玉県に加えて、一部に山梨県等が含まれている。TC社によれば、個人でも市場で高い評価を得るためには100ケース/人/日程度の出荷量が求められるのに対し、同社の個人出荷者は概して零細であることが課題となっている。

　TD社は練馬区というように他3社と比較してより都市化の進んだ地域[10]に立地していることもあって、個人出荷者は50人程度であり、さらに常時出荷者でみるならば都内及び埼玉県を含む近郷[11]で10～15人/日、遠隔地では5名/日に過ぎない。これら出荷者の所在地域は、市場から比較的近い近郷では練馬区や杉並区、埼玉県の和光市及び新座市等であり、遠隔地については群馬県、茨城県等があげられ、最遠では山梨県となっている。また、経年的には高齢化により大きく減少しており、例えば2006年頃であれば都内だけで100人近く存在しており、取扱額でも同社全体の1割程度を占めていたとしている。個人出荷者の経営規模は、茨城県や群馬県は比較的大規模である一方で、埼玉県を含む都内の出荷者は相対規模は小さいながらも専業的農家が多く、これらは市場だけでなく農協共販や農産物直売所等を組み合わせた販売を行っている。

(2) 卸売業者の集荷に関する機能強化

　ここまで調査対象となった卸売業者の集荷概要について確認してきたが、以下ではそれを踏まえて卸売業者の集荷面における機能強化について検討を行いたい。前掲の**表3-4**に戻って、卸売業者による統一的な選別基準の作成、巡回集荷の実施及び通いコンテナの利用について確認すると以下のとおりである。

　まず、個人出荷品を対象とする統一的な選別基準を作成している卸売業者は該当事例がなく、このため各市場においては近隣の農協の基準が用いられたり、当該地域の慣行的な基準によって選別されたものが入荷していると考えられる。ただし、TC社のように基準はないものの、選別の揃い具合や1ケース当たりの入数、さらには1束当たりの量目等に関する指導を行うものも存在している。またTC社は、出荷組合については出荷ケースを統一するよう要請している。

　次に、卸売業者による巡回集荷についても実施事例は存在しないが、TD社以外の3社については中止時期が不明であるものの、相当以前には実施していたとのことであった。これら3社が巡回集荷を中止した理由は以下のとおりである。TA社は、個人出荷者が減少したことによって実施する意味がなくなった点をあげている。TB社は、実施していた頃は同社の職員が集荷を行っていたが、経年的に職員の業務量が増えたことによって巡回集荷まで行えなくなったことと、集荷作業中に交通事故等に遭遇するリスクが存在している点を理由にあげている。TC社についても同様であり、出荷者数の減少と同社職員の労力負担の問題が指摘されている。その一方で、TC社に出荷する比較的規模の大きな個人出荷者に関しては、経年的に経営規模が拡大してきたことから1回当たりの出荷数量も多くなり、このため市場までの輸送に関しても集荷料が徴収される巡回集荷ではなく、自身の手で行うようになったという側面も存在している。また、これまで実施実績のないTD社については、近郷の生産者はいずれも市場から半径5km以内に所在している

第3章　大都市に立地する地域流通市場等における機能強化

ことから自身での輸送が可能である一方で、遠隔地の生産者は経営規模が大きいこともあって、自身で輸送を手配できる点を巡回集荷を行わない理由としてあげている。

最後に、通いコンテナの利用についてはTC社のみに留まるだけでなく、この場合についても卸売業者として導入に関与したという内容のものではない。具体的にいうならば、同社の個人出荷者の一部には販売先となる量販店と事前に約束をしているものが含まれており、この場合、量販店からの指示によって折りたたみ式コンテナが用いられていることによる。このため、コンテナの手配や回収に関してもTC社は関わることはない。調査時現在、TC社は会社として通いコンテナの導入を予定していないが、その理由はコンテナの回収に要する労力負担が大きいことに加えて、導入に伴うコスト負担や利用者が紛失した場合の補償金の扱い等、導入にあたっての課題が多い点があげられている。なお、他の3社についても集荷される青果物にコンテナが全く使用されていないというわけではない。例えば、TB社に出荷する個人のなかには水濡れに強いという理由から、コンテナに入れた状態で出荷するものが存在している。しかし、この場合も小売業者からの回収手段が確立されていないこともあって、ワンウェイとしての使用に留まっている。

以上、調査対象における集荷実態についてみてきたが、静岡県東部地域や神奈川県湘南地域等の卸売市場と比較して、選別基準の作成、巡回集荷の実施、通いコンテナの導入のいずれをとっても取り組みに対する活性は低いといわざるを得ない状況であった。特に、巡回集荷に関しては4社中3社までがかつては行っていたものが、現在では出荷者数の減少等を理由に中止したという事実は、少なくとも市場の地場産青果物に関する集荷機能については低下したことを意味するものといえよう。

第4節　卸売業者の分荷概要と機能強化

(1) 市場の取引方法

　市場の評価機能と関連する取引方法については**表3-6**のとおりである。以下においては、同表を基に調査対象の取引方法について検討する。

　TA社のセリ取引は1％であり、基本的に個人出荷品の残品処理として実施されるので入荷量の多い時期に限定されており、行わない日も多いとのことである。TA社の取扱額は拠点市場の卸売業者に匹敵するが、同社では農協等から出荷される規格品については全てが相対で取り引きされており、このためサンプルを用いた固定ゼリは行われず、セリを行う場合は全てが現物を対象とする移動ゼリとなっている。ただし、個人出荷で入荷する地場産品のなかでもたけのこについては一般小売店等からの要望が高く、なおかつ評価がシビアであることから、調査時現在においても全量がセリによって取り引きされている。

　TB社ではかつて移動ゼリが行われていたが、2012年頃に個人出荷品の出荷量及びセリに参加する買参人の減少を理由として廃止されている。また、

表3-6　市場の取引方法

単位：％

	取引方法		セリの対象品目	備　　考
	セリ	相対		
TA社	1	99	個人出荷品の残品 地場産たけのこ等	セリは実施しない日も多い
TB社	0	100	－	出荷量・買参人の減少を理由に2012年頃廃止
TC社	1	99	相対取引の残品	セリへの参加者は少なく、実態は「相対ゼリ」
TD社	1	99	ロットの小さな葉菜類等 出荷者毎の品質格差の大きい品目	

資料：ヒアリング（2016年）により作成。
注：構成比は金額に基づく概数である。

第3章　大都市に立地する地域流通市場等における機能強化

同社は2012年から2013年にかけて卸売場を除く市場施設を更新しているが、この間は卸売場にも資材等が置かれたことで狭隘となり、セリの対象商品を並べることが難しくなったこともセリが廃止された一因として指摘されている。

　TC社で行われるセリも市場入荷品の残品処理としての性格が強く、割合的には1％程度に過ぎない。また、セリを行ったとしても取り引きに参加する買参人は少なく、このため通常のセリは成立し得ないことから、実際にはセリ人がその場にいる買参人と個別に取引交渉を行うという「相対ゼリ」となっている。また、TC社はセリが行われなくなった一因として、かつての一般小売店は店舗における消費者への対面販売が一般的であったが、調査時現在においては業務関係への納品が経営の中心となっていることから、経営形態の変化に伴って市場からの搬出時間も前倒しされる結果となり、6時45分に開始されるセリでは時間的に遅すぎるという点を指摘している。

　TD社のセリも取扱額の1％に過ぎず、その対象も個人出荷される葉物野菜のなかでも数量的に揃わず、なおかつ出荷者による選別基準の相違によって出荷単位ごとに品質が異なるものに限定されている。また、近年は買参人が減少していることもあってセリに参加者が集まらず、取り引き自体が成立しなくなりつつあるとしている。それに加えて、出荷単位毎に行うセリによって価格を形成していたのでは取引時間が長くなることから、一般小売店は販売先に約束した納品時間に間に合わせることができない点も相対で取り引きされる理由となっている。

　以上、調査対象における取引方法を検討してきたが、その結果、個人出荷品であったとしてもほぼ全量が相対取引によって価格形成が行われていた。また、セリが行われる場合もその実態は相対取引の残品処理であるだけでなく、近年は一般小売店の減少や経営形態の変化もあって、取り引きそのものが成立しなくなりつつあることが確認できた。卸売市場の本来的機能である価格形成は、取引方法にかかわらず機能するものではあるが、相対取引で形成される価格は建値となる拠点市場等の価格に影響を受ける一方で、セリに

関しては原則的に個別市場の需給実勢により形成されることを踏まえるならば、調査対象における地場産青果物の価格形成機能は後退したということも可能である。

(2) 卸売業者の分荷概要

　調査対象における販売先の業態構成について取りまとめたものが**表3-7**である。同表を基に各事例の販売先を確認するならば以下のとおりとなる。

　TA社については全体の35％を仲卸業者（場外4社[12]、場内1社）に販売している。それ以外では、TA社の子会社である関連流通業者（場内3社、他市場卸売業者1社）が34％を占めているが、このうち場内の2社はそれぞれ特定の量販店に対応する仲卸的な業務を担当している。また、もう1社の場内関連流通業者は仲卸的な業務も担ってはいるが、主としてTA社グループのパッキング作業や包材・乾物・加工食品の販売を担当している。他市場卸売業者については多摩ニュータウン市場の卸売業者であり、同社への販売はグループ企業間の取り引きであるとともに市場間転送となっている。それ以外では一般小売店等が19％、他市場への転送が12％という構成である。なお、TA社は量販店に対して直接的に販売しておらず、いずれも場内の関連流通業者を介して間接的に対応している。そして、5社の仲卸業者の最終分荷先についてはその多くが量販店とされていることから、同社の量販店への最終分荷率は7割近くを占めていると考えられる。また、これら量販店には多数のチェーン店を展開するものが含まれているだけでなく、その店舗展開地域も多摩地域にとどまらず、埼玉県や神奈川県、さらには山梨県の一部にまで及んでいるように、TA社の分荷圏は比較的広域である。

　TB社についても仲卸業者（場内3社、場外2社）への販売割合が40％を占めており、次いで量販店の30％、一般小売店等の30％と続いている。このうち、2社の場外仲卸業者はTA社の販売先と共通のものである。また、仲卸業者は最終的に量販店への分荷割合が高くなっているため、TB社の直接販売分と合わせると全体の7割近くは量販店に最終分荷されている。ちなみ

第3章　大都市に立地する地域流通市場等における機能強化

表3-7　卸売業者の分荷概要

単位：％

	販売先構成						合計	備考
	仲卸業者	量販店	一般小売店等	他市場	関連流通業者	加工業者		
TA社	35	0	19	12	34	0	100	仲卸業者は場内1社、場外4社　関連流通業者は場内3社、他市場卸1社
TB社	40	30	30	0	0	0	100	仲卸業者は場内3社、場外2社　専門納品業者は2社（10％）
TC社	0	40	60	0	0	0	100	
TD社	23	16	33	9	0	19	100	仲卸業者は3社　量販店のうち7％は本社業務の代行　他市場は転送業者への販売

資料：ヒアリング（2016年）により作成。
注：1）構成比は金額に基づく概数である。
　　2）一般小売店は納品・外食業者、個人スーパーを含む。
　　3）仲卸業者は場外流通業者を含む。

に、同社が直接販売する4社の量販店は、いずれも3から4店舗のチェーンを展開する小規模なローカルスーパーである。また、同表の一般小売店には納品業者も含まれており、30％を占める一般小売店のうち10％は納品業者（2社）となっている。なおTB社によれば、同社が既存2市場の合併により設立された1969年当時の販売先は、その大部分が一般小売店によって占められていたとのことである。

　TC社が入る市場には仲卸制度がなく、このため販売先は一般小売店等が60％、量販店が40％という構成である。ただし、同社についても一般小売店には納品業者が含まれており、このうちTC社からの購入量が多い5社の納品業者は市場内にテナントとして事務所や施設を設置している。また、TC社が直接的に販売を行う量販店は5社のローカルスーパーである。

　TD社の販売先は一般小売店が33％、仲卸業者（3社）が23％、加工業者が19％、そして量販店の16％という構成である。TD社の特徴として加工業者への販売割合の高さを指摘できるが、これは同社の所在する練馬区がかつてはだいこんの一大産地であり、その関係から現在でも区内に漬物加工業者

が多数存在していることによる。そして、調査時現在においてもTD社は2社の漬物加工業者に対し、原料となるはくさいとキャベツを納品[13]している。また、16%を占める量販店に関しては2社のローカルスーパー（9%）に加えて、後述するように本社である淀橋市場の納品代行（7%）が含まれている。

　続いて、卸売業者が販売する一般小売店について、**表3-8**に基づいて確認したい。TA社は市場が国立市にあるだけでなく、2007年まで三鷹市場が存在していたこともあって、同社で仕入れる一般小売店もJR中央線の沿線に沿って比較的広範囲に存在しており、店舗数でみれば50店程度となっている。TB社については、市場所在地である東久留米市とそれに隣接する西東京市を中心に、90店舗が青果物の調達を行っている。TC社も市場所在地である八王子市内の店舗が7割を占めており、店舗数では同市以外も含めて200店舗程度となっている。TD社では市場所在区である練馬区に加えて、西東京市や埼玉県の新座市及び和光市等に所在する50から60の店舗が調達を行っている。以上から、調査対象卸売業者で調達を行う一般小売店の所在地に関しては、比較的広範囲となるTA社を除けば市場所在市区やその周辺市等の店舗に限定されている。

　本項においては調査対象卸売業者の分荷についてみてきたが、ここで市場からの最終分荷地域について確認すると以下のとおりである。販売先の量販店についてみれば、TA社の場合は比較的広範囲に店舗展開を行うものが含まれているが、他3社はいずれも小規模なローカルスーパーが対象であるこ

表3-8　卸売業者の小売店への分荷

単位：実数

	店舗数	店舗の所在地	備考
TA社	50	多摩地域全域等	中央線沿線が多い
TB社	90	東久留米市、西東京市等	比較的規模の大きな業者は5〜6店舗
TC社	200	八王子市及び周辺市	八王子市内が70%
TD社	50〜60	練馬区、西東京市、埼玉県等	

資料：ヒアリング（2016年）により作成。
注：1）店舗数は継続的な購入を行う買参人である。
　　2）店舗数は概数である。

とから、その分荷圏域も比較的限定されている。また一般小売店についても、TA社を除く3社は市場所在市区及び周辺市等にほぼ限定されている。このため、市場からの分荷圏域についてまとめるならば、TA社以外は全て地元供給型の分荷構造ということができる。一方、TA社についてはその取扱額の大きさもあって、全国の農協等から集荷した青果物を比較的広範囲に店舗展開する量販店等に分荷しているように、いわゆる拠点市場と同様の広域的な集分荷構造が形成されている。それと同時に、同社は地域の個人出荷者や一般小売店からも利用されており、青果物の地場流通の担い手としても重要な役割を果たしていることから、他の3社と同じく地場流通機能の存続・活力維持は重要な課題といえよう。

(3) 卸売業者の分荷に関する機能強化

本項では、調査対象卸売業者の量販店対応に伴う機能強化について検討する。**表3-9**は、卸売業者が量販店に対して販売する場合の対応状況についてまとめたものである。

TA社は量販店には直接的に販売しておらず、市場内の関連流通業者がそ

表3-9 卸売業者の量販店対応

単位：実数

	量販店数	仕分	パッキング	配送	備考
TA社	-	-	-	-	関連流通業者（3社）がそれぞれ特定の量販店に販売 仕分・配送・パッキングは関連流通業者が実施
TB社	4	有	(有)	(有)	店舗数では13店舗に供給 パッキングは関連流通業者（TA社の子会社）が実施 配送は運送業者（TA社の子会社）が実施
TC社	5	有	有	有	約20年前からパッキングを実施 現在では一般小売店にもパッキングを実施 仕分・配送は一部のスーパーのみ
TD社	3	有	無	無	仕分等の作業は本社業務の代行においてのみ実施 本社業務の店舗数は30店

資料：ヒアリング（2016年）により作成。
注：1）店舗数は購入実績のある買参人である。
　　2）店舗数は概数である。

れぞれ特定の量販店に対応するとともに、仕分・パッキング・配送等の作業を担当している。なお、これら関連流通業者の設立時期は1963年から1985年と幅があるだけでなく、設立当初から量販店対応を行っていたかも確認できなかったが、ヒアリングによれば相当以前からこのような対応は行われていたとのことであった。

　TB社は4社の量販店に対し直接的に販売しているが、この場合、仕分は同社の職員が行っている。しかし、パッキングについてはTA社の子会社である関連流通業者に委託しており、同じく配送に関してもTA社の子会社である運送業者が担当している。このような対応の開始時期に関しては、仕分は量販店への販売が開始されたときとされているだけで詳細は不明であるが、パッキングについては2006年にTA社の市場施設が更新され、場内にパッケージセンターが設置されたことが契機となっている。また、配送に関しては1996年頃から行われているが、このような対応は現在においても量販店のセンターやカット加工場など、納入数量の多い販売先に限定されている。

　TC社は1996年頃から量販店からの依頼に応える形でパッキングを開始しており、現在では量販店に限らず、依頼があれば一般小売店に対しても行っている。パッキング作業は開始当初は同社職員が行っていたが、経年的に数量が増えたこともあって、調査時現在では18人のパートが2交代制で対応している。パッキングの対象品目は、じゃがいもやタマネギが中心である。一方、仕分及び配送は要望のある一部の量販店に限定されている。

　TD社は仕分のみを行っているが、このような対応は後述する本社の業務代行に限定されており、それ以外の2社の量販店に対しては、卸売場においてケース単位で引き渡している。ここで、TD社が行う本社による量販店販売の業務代行について確認すると、概略は以下のとおりである。同取引は2008年から開始されているが、その内容は、本社の販売先である食品スーパーSMが展開するチェーンのなかでもTD社と距離的に近い30店舗を対象として、TD社が荷受・仕分・納品を行うというものである。この場合、SMとの商談や出荷者である農協等との交渉は全て本社が行っているが、商流上は農

第3章　大都市に立地する地域流通市場等における機能強化

協等がTD社に委託出荷したものを同社がSMへ直接的に販売した形になっていることから、TD社としてはリスクの低い取り引き[14]ということができる。同取引の対象品目は、6月下旬から10月中旬にかけて標高の高い長野県内の圃場で生産され、出荷当日の朝に収穫されたレタスやグリーンリーフ、サニーレタス、ブロッコリー等の高原野菜であり、それを同地の農協が取りまとめて出荷したものとなっている。市場には段ボール等の出荷ケースで入荷しているが、それをTD社がSMの店舗単位に仕分ながら通いコンテナに詰め替えた後、SMが手配したトラックによって各店舗に搬出されるという内容のものである。ここで、TD社が行う本社の業務代行を卸売業者の機能面で評価するならば、この場合、商品の集荷・品揃え・価格形成・販売に係る各機能は本社が担っており、市場からの搬出に関しても販売先であるSMが手配している。このためTD社が果たす機能は、市場内における荷役や量販店の店舗を単位とする仕分といった物流に関するものと、集荷先及び販売先との取り引きに伴う代金決済というように限定的である。以上からTD社が行う本社代行業務については、量販店の店舗展開地域に位置する同社が産地からの荷を受け入れ、そこで店舗単位の仕分をした後に搬出するという集配センター的な中間物流機能を担っているということができる。

　以上、調査対象が行う量販店対応について確認を行った。その結果、仲卸制度がある市場の卸売業者についても量販店に直接的に販売している場合には、静岡県東部地域や神奈川県湘南地域等の卸売業者と同じく、卸売業者が仕分・パッキング・配送といった諸業務を担当していることが明らかとなった。また、このような作業を担当することによって、卸売業者は本来的な分荷機能に加えて、物流機能や加工機能を新たに獲得していた。

第5節　大規模地方卸売市場の市場施設更新

（1）TA社の現在に至るまでの経緯

　本節では、東京都多摩地域等の拠点的な地方卸売市場であるTA社が行っ

た市場施設の更新について検討するが、それに先だって、同社の現在に至るまでの経緯について再確認すると概略は以下のとおりとなる。TA社の設立は1947年5月であり、同社は多摩地域にあった10市場を運営する卸売会社として発足している。その後、調布、荻窪、立川、府中等の市場を統合しながら、1969年には三鷹市場と国立市場、及びTB社の3市場に集約されている。以上から、TA社は多摩地域の中小規模卸売市場の統合合併を通じて、現在のような拠点的大規模市場として成長を遂げてきた市場といえよう。

そして、2002年には三鷹市場を廃止するとともに、国立市場と統合することが決定されている。これによって同社は、敷地的な余裕の少ない国立市場で大量の荷を取り扱う必要が生じただけでなく、その制約の下で各種機能の強化を行わなければならないという課題を負うことになった。このためTA社は、三鷹市場の廃止に先立って、2003年から2006年までの4箇年をかけて国立市場の主要施設の更新を行っている。

なお、第2節でみたようにTA社はグループ会社として複数の会社を設立しているが、このうち国立市場には3社の関連流通業者が収容されている。

(2) 市場施設更新の理由と過程

1) 市場施設更新の理由

TA社が三鷹市場を廃し、国立市場と統合した理由について確認すると、以下のとおりとなる。

第1に集荷面の理由として、TA社の集荷元である出荷団体が出荷先を集約化していくなかにおいて、同社が将来的に集荷量を確保していくには受け入れが可能となるロットは大きいことが望まれたことから、2市場を統合することでより大規模な市場に再整備する必要があった点があげられる。

第2に市場の機能上の理由では、量販店等からコールドチェーンによる鮮度管理や保管機能、及び加工機能等の拡充が求められていたが、これらに対応していくためには施設の全面的な更新が必要であったことがあげられる。しかし、市場施設の更新には多額の経費が必要となることから、TA社は三

第3章　大都市に立地する地域流通市場等における機能強化

鷹市場の用地を三鷹市に売却し、その売却益[15]を施設更新費に充当することで経費的な負担を軽減させている。ちなみに、2002年度から2006年度までの5箇年間の整備費は建築物だけで約70億円を要しているが、このうち東京都からの補助金は4億8,000万円に過ぎないように、行政機関に大きく依存することなく整備が行われている。

第3に物流面に関する理由として、旧三鷹市場は大型トラックによる搬出入に課題があったことから、市場内の物流導線が整備されるとともに、大型トラックによる搬出入が可能となる施設が求められていた点があげられる。なお、統合先を三鷹市場ではなく国立市場とした理由は、三鷹市場は市街地にあり大型トラックでのアクセスに難があるのに対し、国立市場は中央道国立府中インターに至近の場所に立地していたことによる。しかし、三鷹市場を国立市場に統合することは同じ敷地規模でこれまでの3倍もの数量[16]を取り扱わなければならないことを意味しており、国立市場においては統合後の施設に関する規模的制約をいかに克服するかが大きな課題とされていた。

2）市場施設更新の過程

TA社における施設更新の経緯については、**表3-10**のとおりである。主要施設のうち、三鷹市場との統合決定以前から設置されていたものはバナナ加工場のみであり、それ以外は決定後に設置または改修されている。

TA社は2002年の統合決定後、2003年3月に2棟の冷蔵庫棟、2004年3月にグループ会社や仲卸業者及び量販店の事務所等が入る関連業者棟、2006年3月に市場施設の中核となる卸売棟兼事務所棟を設置している。2006年4月からは旧市場棟を改修し、同年10月には低温荷捌場として、後述の自動搬送システムにより新卸売場とともに一体的な運用が開始されている。そして、2006年11月にはTA社の本社機能が三鷹市場から国立市場へと移転し、翌年4月の三鷹市場廃止へと至っている。

以上がTA社の施設更新の概略であるが、同社はそれ以降も施設整備を継続しており、2011年3月に西低温倉庫、同年7月に東低温倉庫、2012年4月

表3-10　TA社の施設更新等の経緯

更新時期	事　項
1997年3月	バナナ加工施設設置
2002年	（三鷹市場の廃止を決定）
2003年3月	冷蔵庫棟2棟を新設
2004年3月	関連業者棟を新設
2006年3月	新卸売棟兼事務所棟を設置
2006年10月	旧市場棟を低温荷捌場に改修
2006年11月	本社を三鷹市場から国立市場に移転
2007年4月	（三鷹市場を廃止）
2011年3月	西低温倉庫を新設
2011年7月	東低温倉庫を新設
2012年4月	北低温倉庫を新設

資料：TA社資料及びヒアリング（2016年）による。
注：（　）書きはTA社の三鷹市場の事項。

には北低温倉庫が設置され、調査時現在に至っている。

(3) 市場施設の現状と機能強化

1）市場施設の現状

　現在のTA社の主要市場施設についてとりまとめたものが**表3-11**である。同表にあるように、卸売棟兼事務所棟は狭隘な敷地を有効に使うため4階建ての構造となっている。同棟の1階は11,908m^2の卸売場であるが、同売場は大型トラックでの搬入を前提とした施設である。また、卸売場の一角には、自動搬送システムの管制室が設置されている。同棟の中2階には搬送コンベアが設置され、その上の2階部分は5,292m^2の荷捌場及びパッケージセンターとして使用されている。また1階と2階の一部は、各階を縦に貫通する形で自動搬送システムの一部を構成する立体冷蔵自動倉庫が設置されている。さらに3階は営業部門事務所、4階については管理部門事務所として使用されている。

　上記施設のうち、荷捌場に併設されたパッケージセンターの面積は987m^2である。その運営はTA社の関連流通業者が行っており、TA社やグループ会社から受託したパッキング作業を朝6時から夕方5時にかけて3交代制で

第3章 大都市に立地する地域流通市場等における機能強化

表3-11 TA社の施設概要（更新後）

単位：m^2

施　　設			延床面積	備　　考
卸売棟兼事務所棟			22,230	
	事務所（3・4階）		5,030	3階営業部門、4階管理部門
	卸売場（1階）		11,908	
	荷捌場（2階）		5,292	
		パッケージセンター	987	2階の荷捌場に設置 グループ会社が運営
	立体冷蔵自動倉庫 （1・2階）		─	約300t収容 5・9℃の温度帯管理
低温荷捌場			4,967	8ブース 5・15℃の温度帯管理
西低温倉庫			4,949	5・10・15・20℃の温度帯管理
東低温倉庫			1,003	15℃の温度帯管理
北低温倉庫			1,692	15℃の温度帯管理
冷蔵庫棟（A・B）			445	出荷者・一般小売店が使用
関連業者棟			1,912	32室 グループ会社等事務所
バナナ加工場			2,333	18室

資料：TA社資料及びヒアリング（2016年）による。

行うことによって、市場の加工機能の向上が図られている。また、立体冷蔵自動倉庫は約300tの収容能力があり、市場への搬入から搬出までの間に短時間の保管が必要となる荷が収容されている。同倉庫の保管温度は5℃と9℃の2種類である。

TA社が量販店等に販売する場合、荷は卸売場から自動搬送システムによって速やかに低温荷捌場へと搬送され、そこで荷捌作業とトラックへの積載が行われた後、市場から搬出されている。低温荷捌場の延床面積は4,967m^{2}であり、内部は8つのブースに区分され、温度帯も5℃と15℃の2種類で管理されている。このように同社の市場施設では、卸売場と荷捌場（2F）を除いて一貫したコールドチェーンが構築されている。

一方、3棟ある低温倉庫棟は比較的長期間の保管に使用されている。同施設の規模と温度帯について確認すると、西低温倉庫は4,949m^{2}で温度帯は5・10・15・20℃の4種類、東低温倉庫は1,003m^2、北低温倉庫は1,692m^{2}であり、これらは15℃によって管理されている。このように、低温倉庫では対象品目

表 3-12　TA 社の施設規模の変化

単位：m²

施　　設	2003 年	2005 年	2006 年	2014 年	14/03
敷地面積	43,256	43,778	43,758	43,778	1.0
卸売場	4,160	4,160	7,124	9,623	2.3
冷蔵施設	144	558	5,556	7,396	51.4

資料：各年次「東京都地方卸売市場概要」。
注：データの出所の違いにより表 3-11 の数値とは一致しない。

ごとに求められる4つの温度帯による保管が行われており、青果物の鮮度保持機能の向上に役立っている。

　以上がTA社の調査時現在における主要施設であるが、**表3-12**で示すように同社の施設規模を2003年と2014年で比較した場合、敷地面積は1.0倍と変化がないのに対し、卸売場は2.3倍、冷蔵施設[17]に至っては51.4倍というように飛躍的な拡大となっている。

2）自動搬送システムの概要

　TA社の市場施設を特徴付けるものとして、卸売場から低温荷捌場等への搬送や立体冷蔵自動倉庫への入出庫に係る物流を、コンピューターによる一元管理のもとで自動化するという自動搬送システム[18]が導入されている点があげられる。

　同システムは主として量販店や仲卸業者など大口取引先への販売品で使用されているが、その入荷から搬出までの過程について確認するならば以下のとおりとなる。まず、市場に搬入された荷は卸売場で荷受が行われるが、その際に作業員が持つワイヤレス端末機から出荷者・品目・数量・入庫等の入荷情報がシステムに入力される。その一方で、販売・出庫に関するデータについても適宜、担当者によりシステムに入力されている。

　荷受後は入荷・販売情報を踏まえた管制室からの指示によって、直ちに荷捌・搬出となるものは2階の荷捌場に自動搬送される一方で、短期間の保管が行われるものについては立体冷蔵自動倉庫に一時収容されている。この場合、荷は卸売場で専用プラスチックパレットに積み替えられた後に搬送コン

ベアに乗せられ、垂直搬送機や搬送コンベアによって荷捌場または立体冷蔵自動倉庫へと送られている。

その後、荷捌場に送られた荷はそこでトラックに積載されるものを除いてさらに低温荷捌場へと自動搬送され、そこで最終的に仕分やトラックへの積み替えが行われた後に市場から搬出されている。一方、立体冷蔵自動倉庫に収容されたものについても管制室の指示によって、所定の時間になると指定の場所に自動搬送され、荷捌・トラック積載等の作業を経て場外へと搬出されている。

以上が自動搬送システムの概要であるが、ヒアリングからは同システムの導入によって人手を要する入出庫作業が省力化されただけでなく、迅速な処理が可能となったことから、少人数で大量の荷の取り扱いが可能となった点が指摘されている。

3）施設更新による市場機能の強化と課題

本節ではTA社の市場施設の更新について検討してきたが、ここでは施設更新によって実現された市場機能の向上について確認したい。

まず、冷蔵施設の拡充によってほぼ一貫したコールドチェーンが確立されたことから、市場における鮮度保持機能の向上が指摘できる。このことは、パッケージセンターの設置による加工機能の向上と併せて量販店等に対する販売力強化に帰結しており、後述するように取扱額の増加に結びついている。

次に、自動搬送システムについてみるならば、同システムの導入により市場内における物流の効率化がもたらされ、敷地面積や人的資源に制約があるなかで大量の荷を捌くことが可能となっている。また、労力的な面では荷の積み卸しや移動に要する労働が自動化されたことによって、職員の労力負担の軽減がもたらされている。これらの事実は、職員１人当たりの取り扱い可能数量が増大したことを意味していることから、労働生産性の向上につながったといえよう。その一方で、自動搬送システムは担当作業員に習熟が求められることや、パレット単位での運用となることから小規模な個人出荷者

や一般小売店には対応できない点が課題として指摘されている。

そして、本章で検討したような市場機能の向上が一因となってTA社の販売力は強化され、その結果、取扱額も2008年に518億2,311万円であったものが、2016年には700億9,376万円というように大きく拡大している。

第6節 小 括

本章においては、東京都多摩地域等という膨大な消費需要を擁すると同時に、農業生産も継続されている地域に立地する地方卸売市場を事例として、卸売業者の集荷及び分荷の実態について検討を行うとともに、それを踏まえて市場の集分荷における機能強化について検討を行った。また、本章の後半においては、大規模地方卸売市場であるTA社を事例として、同社が2003年から2006年にかけて実施した市場施設の更新概要、及びそれによってもたらされた市場機能の強化について検討を行った。

その結果、都内地方卸売市場の卸売業者は、取扱額700億円以上と規模的に大都市の拠点市場に匹敵するTA社が存在する一方で、取扱額が4億円から160億円程度と中小規模の4社とに大別されていた。このうち、TA社では農協系統組織等から広域的な集荷が行われるとともに、分荷に関しても比較的広範囲な分荷圏域が形成されていた。一方、他4社のうちヒアリング調査を行った3社については、農協や転送、商系等を組み合わせた集荷が行われていた。また、調査対象となった4社ともに個人出荷者からの集荷が行われており、TC社やTD社では1割以上を占めるなど、地域の農業生産が衰退するなかでも地場流通機能は維持されていることが明らかとなった。

市場の集分荷に係る卸売業者の機能強化のうち、集荷に関しては既にみた静岡県東部地域や神奈川県湘南地域等と比較して、通いコンテナの活用や卸売業者による巡回集荷等の取り組みに対する活性は低かった。それに加えて、市場周辺地域における園芸生産の退潮もあって、市場の地場流通機能に係る集荷機能は後退しつつあることが確認できた。取引方法との関係では、調査

第 3 章 大都市に立地する地域流通市場等における機能強化

対象においては例え個人出荷品であっても相対によって取り引きされるなど、セリの形骸化が顕著であった。分荷面に関しては、かつての中心的な販売先であった一般小売店が減少する一方で、量販店への販売割合が拡大するとともに、それが契機となって卸売業者や関連流通業者の仕分・パッキング・配送等に関する諸機能の強化がもたらされるというように、静岡県東部地域や神奈川県湘南地域等と共通する傾向が確認された。

　次に、大規模地方卸売市場であるTA社の市場施設更新に伴う機能強化については以下のとおりである。同社は2市場の統合によって、新施設では狭隘な敷地面積であるにもかかわらず膨大な物量を処理しなければならなくなったことから、場内物流の合理化が不可避となっていた。このため、施設更新後の市場においては大型トラックによる搬出入を前提とした施設設計や物流動線の整備、さらには卸売場及び荷捌場の重層化によって物流機能が効率化され、同社が扱う膨大な物量に対処できる施設が実現されていた。同時に、自動搬送システムの導入により市場搬入後における場内物流の更なる効率化と省力化を図ることによって、労働生産性の向上が実現されていた。同時に、新たな市場施設では低温倉庫や低温荷捌場、及び立体冷蔵自動倉庫等の冷蔵施設が飛躍的に拡充されることによって、市場への搬入から搬出までを通じたコールドチェーンが構築されていた。そして、このような市場の鮮度保持機能の向上は、パッケージセンターによる加工機能の強化もあずかって、量販店等に対する販売力強化の一助ともなっていた。このような取り組みを行うことによって、TA社は量販店等から要求される物流・鮮度保持・加工等に係る諸機能の向上が実現されただけでなく、市場施設更新後は取扱額が大きく拡大するという結果がもたらされていた。

　最後に付言するならば、本章で検討したTA社は、その取扱規模から地方卸売市場としては特異性の高い事例といえよう。しかし、同事例は施設規模に制約されながらも大量の荷を迅速に取り扱うことが求められるだけでなく、鮮度管理や加工作業までもが要求される卸売市場において、今後、施設整備や市場機能向上の方向性について考究していくうえで貴重な検討事例になる

133

と考えられる。

注
1）都内にある地方卸売市場（5市場）の卸売業者の取扱総額（2016年）は952億8,200万円であり、このうち調査対象となった4社の合計取扱額（949億2,500万円）だけで99.6％を占めている。
2）調査対象となった4社の合計取扱額のうち、TA社だけで78.3％を占めている。
3）「平成29年度卸売市場データ集」によれば、2016年における中央卸売市場の青果物卸売業者の平均取扱額は291億円である。
4）TA社の関連業者である運送業者の設立は1948年と古いが、その設立の一因として、当時10市場あった同社の支店間における輸送が必要であった点があげられている。
5）多摩地域には地方卸売市場以外に中央卸売市場である多摩ニュータウン市場が設置されている。しかし、東京都資料によれば同市場の取扱額（2016年）は70億4,329万円であり、多摩地域内の青果市場の総取扱額981億5,313万円に占める割合は7.1％に過ぎない。
6）TA社の個人出荷品の取扱額はおおよそ42億円であるのに対し、他の3社についてはいずれも5億円程度と推計される。
7）TB社が本社の集荷力により調達する野菜は、北海道等のジャガイモとタマネギが中心的である。
8）TB社がTA社の集荷力により青果物を集荷するにあたっては、農協との交渉はTA社が行いながらも荷は直接的にTB社へ搬入されるケースと、一度はTA社に荷下ろしされたものがTB社に転送されてくるケースとに大別される。なお、前者については商流上転送ではなく、農協からの集荷に含まれている。
9）TC社によると、1997年に府中市内の卸売市場が廃業したときに、それまで同市場に出荷していた個人の多くがTA社への出荷を希望したにもかかわらず、同社はそれを受け入れなかったとしていることから、TA社は意図的に小規模な個人出荷者からの集荷を抑制している可能性が高い。
10）**表3-1**にあるように、練馬区の人口密度は14,864人/m²と多摩地域等の市区町村のなかで最高値を示している。
11）TD社は埼玉県内であっても、市場から比較的近い個人出荷者は「近郷」として捉えている。なお同社の近郷出荷者のなかには、かつて築地市場や大田市場に出荷していたものが、高齢化によって労力負担の少ない同社へと出荷先を変更したケースも含まれていることから、ここ数年は微減で推移している。
12）一般的に仲卸業者とは市場内に事務所と店舗を所有することが前提であるため、TA社で青果物を調達する「場外仲卸業者」は厳密には「場外流通業者」

第3章　大都市に立地する地域流通市場等における機能強化

というべきものである。しかし、これら業者には他市場の仲卸業者を起源とするものが含まれているだけでなく、いずれもTA社等で仕入れた青果物を自社の物流施設で仕分けた後に、量販店のセンターや個店に配送するなど仲卸業者と同様の業務を行っている。また、TA社もこれら業者を仲卸業者として認識していることから、本稿においては仲卸業者に含めて検討している。

13) 近年は練馬区のだいこん生産量が減少していることから、TD社の販売先である漬物加工業者は同区産ではなく、都外産地から直接的にだいこんを調達している。
14) この場合、交渉力が問われる量販店や出荷者との商談は、より規模が大きく交渉力の強い淀橋市場の本社が担当し、TD社は荷受・仕分・配送といった実務のみを担当している。しかし、商流上はTD社が産地から委託集荷したものがSMへと販売されたことになっているため、同社の粗利益は取扱額に対する手数料（8.5％）から農協への出荷奨励金及びSMの協賛金が差し引かれたものが安定的に確保されている。
15) 土地の売却額は非公開であるが、市場周辺地域の地価を参考に推計するならば、本文中にある建築物の整備費に近い金額になると考えられる。
16) 市場統合の決定前である2001年の年間取扱額は、三鷹市場が359億1,127万円、国立市場が180億1,512万円であった。
17) 前掲の**表**3-11の冷蔵施設面積は低温倉庫と冷蔵庫が対象であり、低温荷捌場や立体冷蔵自動倉庫は含まれていない。
18) TA社の自動搬送システムは、（株）全農青果センターの東京センターで使用されていたものを改良したうえで導入されている。

終章

地域流通市場の機能強化と存在意義

第1節　地域流通市場の現状

　本書は行政機関や青果物の流通主体、さらには農業団体や園芸生産の担い手等が、都市近郊に所在する地域流通市場としての性格を持つ卸売市場について、その市場機能の強化や活性化について議論を行ううえでの知見とすることを目的として、①都市近郊の地域流通市場における集分荷の現状の把握、②地域流通市場で展開される市場の各種機能の向上に向けた取り組み、③地域流通市場の移転や市場施設の更新実態、及びそれに伴う市場機能の強化について検討を行った。また検討を行うにあたっては、上記目的を達成するための事例地として首都圏及びそれに隣接する地域、具体的には静岡県東部地域、神奈川県湘南地域等、東京都多摩地域等を選定し、これら地域に立地する市場の卸売業者を対象にヒアリング調査を実施した。その結果のなかから市場の集分荷について確認するならば、概略は以下のとおりとなる。

　第1章で検討した静岡県東部地域は首都圏ではないもののその西側に隣接しており、地域内をJR東海道本線や東海道新幹線が通っていることもあって、首都圏の通勤圏に含まれている。同地域の園芸生産のうち野菜については特定の品目に特化した産地ではないが、同地域でも北部の旧駿河国において多品目の野菜生産が展開されている。果実に関しては旧伊豆国に該当する伊豆半島を中心に、温暖な気候を活かして柑橘類を中心とする生産が行われている地域である。

　静岡県東部地域では園芸生産が盛んなこともあって、調査を行った7社の

卸売業者は農協や商系に加えて、市場付近に所在する多数の個人出荷者から集荷を行っており、なかでも比較的規模の大きな卸売業者については多数の生産者を出荷者として擁していた。しかし、取扱規模が小さな卸売業者では自律的な集荷に課題があり、他市場からの転送に依存する傾向も確認できた。また、同地域の卸売業者は出荷者の出荷作業にかかる労力負担の軽減を図るため、卸売業者の側からトラック等を差し向けて集荷に赴くケースも多く、なかでも最大規模の卸売業者は市場の移転により市場から遠くなった出荷者に対するケアとして巡回集荷のポイントを増設するなど、積極的な対応がとられていた。同時に、同地域内の市場は地域流通市場的な性格が強く、そこでは地域完結型の流通が比較的行われていることもあって、通いコンテナが広範に用いられるという傾向が強く存在していた。

　市場における価格形成については、1社を除けば個人出荷品を中心としてセリによる価格形成が行われており、なかには売場に「活気」をもたらすセリ取引を市場の重要な要素と位置付ける卸売業者も存在していた。

　卸売業者の販売先に関しては、比較的規模が大きくかつ仲卸制度のない市場で営業を行う3社に関しては量販店への販売割合が高く、また仲卸制度のある1社についても最終分荷先でみるならば量販店が多くなっていた。一方、小規模な2社に関しては一般小売店を中心とする販売が行われていた。また、ヒアリング結果から量販店は地場産青果物に対する要求が高いことが確認されるとともに、同一量販店のチェーン店が個店ごとに異なる市場から調達を行うケースが確認できたことから、量販店は地場産青果物を求めて各店舗の最寄市場を利用する傾向にあることが明らかとなった。

　以上が静岡県東部地域の卸売業者における集分荷の状況であるが、これらのうち3市場については、市場施設の老朽化等を理由として市場の移転が行われていた。

　第2章の神奈川県湘南地域等は大都市である横浜市の西側に隣接するだけでなく、地域等内にも多くの人口を擁しているが、その一方では都市近郊の園芸生産地域として青果物生産も比較的行われている。このため、ヒアリン

終章　地域流通市場の機能強化と存在意義

グ調査を実施した9社の卸売業者における集荷に関しても、その構成比に差はあるものの個人出荷者から相当割合の集荷が行われていた。ただし、個人の出荷者数については多い卸売業者でも100名強に留まっているように、より多数の個人出荷者を擁していた静岡県東部地域との違いは明白である。そして、同地域等では過去において多数の出荷者が存在していたこともあって、卸売業者による巡回集荷も盛んに行われていたが、調査時には出荷者数や出荷量の減少を理由として、1社を除けば総じてその実施は低調であった。通いコンテナについては現在でも使用を継続している卸売業者が存在しており、なかには近年になってから大手量販店との取り引きに伴って折りたたみ式コンテナを導入した事例も確認できたが、最盛期と比較するならば総じて低調といわざるを得ない状況である。

　市場における価格形成については、3社を除けばセリは形骸化していた。積極的にセリを行う3社のうち2社については個人出荷品が対象品目となっていたが、他の1社に至っては他市場から買付集荷してきたものであってもセリによる価格形成が行われているように、特徴的な取り引きとなっていた。

　卸売業者の販売先については、仲卸制度のある1社を除けば量販店と一般小売店が主な販売先となっていた。なお、仲卸制度のある1社については市場内の仲卸業者以上に卸売業者の子会社である関連流通業者への販売割合が高くなっていたが、この場合は実質的に卸売業者による量販店への直接販売というべきものであった。また、湘南地域等の卸売業者の販売先となる量販店には共通のものが含まれているだけでなく、一部は静岡県東部地域とも共通しているが、ここからも量販店の仕入行動の一形態として、店舗周辺の市場を活用する傾向にあることがうかがえる。

　なお、神奈川県湘南地域等の卸売市場のなかには2010年代に市場施設の更新を行ったものが2社含まれるとともに、市場ブランドの確立に向けた取り組みを行うものも4社（3事例）存在していた。

　最後の第3章は東京都内の4つの地方卸売市場について検討を行った。このうち、最大規模の卸売業者については地域流通市場というより拠点市場と

いうべき性格のものであるが、設立形態が行政等からの支援の薄い民設地方卸売市場であるだけでなく、2000年以降に自己資金による市場施設の全面的な更新が行われていることもあって、民設市場による施設整備の一知見とすべく本書において検討を行っている。これら市場が立地する多摩地域及び練馬区は東京都区部と比較すれば人口密度は低く、また園芸生産も継続される傾向にある。しかし、同地域等は山林の割合が高い西多摩エリア等を除けば都市化の進展が顕著となっているように、大都市近郊というよりも都市の一部を構成する地域というべきものである。

このため、卸売業者の集荷においても全国の農協等から広域的な集荷を行う1社やそれに準じる1社が存在する一方で、他2社のように個人からの集荷割合も高く、地域流通市場的な性格を持つ市場も確認されている。ただし、最大規模の1社は取扱額自体が大きいこともあって、たとえ構成比は低くとも個人出荷品の取扱額では他3社を凌いでいるように、地場流通においても重要な位置付けの市場となっていた。これら多摩地域等の卸売業者は集荷にあたって、かつては巡回集荷を実施するものも存在していたが現在では行われることはなく、通いコンテナの利用についても一部に留まるなど、個人出荷者の利便性向上や経費削減に対する取り組みは総じて低調であった。

取り引きに関しては、セリの対象となるのは個人出荷品であっても相対取引の残品等に限定されているように、原則として例外的な方法となっている。分荷先については、取扱規模の大きい1社は仲卸業者と関連流通業者を介在させながらも最終的に量販店への供給率が高くなっていた。同じく市場内等に仲卸業者が存在する2社では、仲卸業者と量販店、及び一般小売業者を組み合わせた販売対応が行われていた。また、市場に仲卸制度のない1社については周辺地域に一般小売店が残っていることもあって、これら業者への販売割合が高くなるという特徴がみられた。

なお、東京都多摩地域の卸売業者で特筆すべきは最大規模の1社であり、同社においては2003年から2006年にかけて市場施設の全面的な更新が行われていた。

終章　地域流通市場の機能強化と存在意義

　以上が都市近郊地域に所在する地方卸売市場の卸売業者における集分荷の現状である。このように、都市近郊地域においては園芸生産が展開・継続されているだけでなく、人口集積の進展によって地域内に大きな消費需要が存在していることもあって、同地域に立地する卸売市場の多くが地域流通市場的な性格を帯びていると考えられる。

第2節　地域流通市場の機能強化

　都市近郊の卸売市場は前節で取りまとめたような現状にあるが、市場の卸売業者は青果物の生産・流通を取り巻く環境変化のなかで多くの課題をかかえるなか、地域流通市場として出荷者や量販店等の要求に応えていくため、集分荷に係る各種機能の強化を図りつつある。ここで、前節の内容と一部重複はするが、地域流通市場における市場機能の強化についてまとめると、概略は以下のとおりとなる。

　まず地域流通市場の集荷に関する機能強化は、高齢化した生産者の出荷に係る労力負担の軽減や出荷経費の削減[1]を図るために行われる巡回集荷の実施、及び出荷者の労力や経費の削減につながる通いコンテナの活用等によってもたらされていた。このうち、巡回集荷については現在でも園芸生産が盛んであり、卸売業者にとって実施することの意義が大きい静岡県東部地域において盛んに行われていた。それに対し、個人出荷者の数や数量が縮小した神奈川県湘南地域等においては、かつては市場間の競争もあって巡回集荷は活発に行われていたが、調査時現在では採算性の問題から中止した卸売業者が多く、東京都多摩地域等に至っては全てが廃止されていた。以上から、巡回集荷の実施は市場周辺における園芸生産との関係が大きく、それが衰退するに従って収益性等の問題から廃止される傾向にあると考えられる。そして巡回集荷からの撤退は、地域流通市場における卸売業者の集荷機能が弱体化しつつあることを意味している。

　通いコンテナの活用については、静岡県東部地域や神奈川県湘南地域等に

141

おいて、個人出荷品を中心に活用されている。そして、これら地域で通いコンテナが活用される背景には、市場周辺で生産された青果物が同じく市場周辺の店舗に分荷されるという地域完結型流通の広範な存在があげられる。このように通いコンテナを活用した場合、出荷者には出荷経費や荷造りに要する労力の削減がもたらされ、卸売業者にとってもコンテナの積載性の高さによる省スペース化に加えて、水濡れに対する強さや通気性の良さに起因する冷蔵効率の向上等がもたらされている。また、小売業者にとっては使用後の返却という段ボールにはない作業が発生することになるが、輸送に伴う荷痛みが少なく店頭における販売段階まで活用できるというメリットが存在していた。このように通いコンテナを活用することによって、青果物の卸売市場流通における各段階に効果がもたらされている。そして、これらの効果は市場の集分荷に係る物流機能や鮮度保持機能の向上だけでなく、流通経費の削減にも結びついていた。通いコンテナの活用と調査対象地域との関係については、地域完結型流通が成立している静岡県東部地域でその活用は盛んであり、次に神奈川県湘南地域等となり、東京都多摩地域等においてはワンウェイとしての利用に留まるなど都市化が進展した地域ほど低調であった。このように通いコンテナの活用による集荷機能の向上についても、巡回集荷と同じく市場周辺における農業生産の状況が大きく影響していると考えられる。

　市場の価格形成に関係のある機能強化としては、個人出荷品を対象とする統一的な選別基準の作成が果たす役割が大きい。具体的には、従来は出荷者に一任されていた選別基準を改めて、卸売業者が新たに基準を作成するだけでなく、その遵守を個人出荷者等に求めることによって効果がもたらされている。このような取り組みは神奈川県湘南地域等の４社において展開されていたが、うち２社については、後述する市場ブランドの確立に向けた取り組みの一環として行われるという背景が存在している。このように個人出荷品の選別基準を卸売業者が作成し、それを出荷者に遵守させることは、市場で取り扱われる個人出荷品の規格が揃うことを意味している。そしてこのような青果物は、商品に定質と数量を求める量販店にとってより扱いやすい商品

終章　地域流通市場の機能強化と存在意義

になることを意味することから、市場で取り扱われる青果物の商品性向上をもたらすとともに、市場で形成される単価の上昇に結びつくものとなっている。

　市場の価格形成と関連して卸売業者が販売する際の取引方法について確認するならば、神奈川県湘南地域等や東京都多摩地域等においては、個人出荷品についても従来のセリから相対へというように大きな変化が確認された。しかし、このような変化と市場機能との関係については、今回の検討結果からは即断することは難しい。このため、セリから相対という取引方法の変化に関しては、個別市場の需給実勢に基づく変動が大きな価格形成方法から、拠点市場や周辺市場等の価格も踏まえた、かつ比較的安定した方法へと質的に変容したことを意味すると指摘するに留めたい。

　次に、卸売業者の分荷に関する機能強化として特徴的なのは、量販店対応に伴って強化された仕分・パッキング・配送といった加工や物流に関する機能である。これらの機能は、仲卸制度が存在する中央卸売市場等においては主として仲卸業者によって担われるものであり、地方卸売市場でも仲卸業者が存在する市場の場合は基本的に同じといえよう。しかし、仲卸制度のない地方卸売市場についても従来の主要販売先である一般小売店が減少するなかにおいては量販店を販路として開拓していかざるを得ず、一方の量販店からも地場産野菜の仕入先として産地周辺に位置する市場からの調達が求められる状況下では、地域流通市場にとって量販店からの要求に応えていくことが喫緊の課題であることは明白である。このため仲卸業者が存在しない市場の卸売業者は、量販店対応が深化するなかにおいて仲卸業者的な機能、具体的には仕分・パッキング・配送等の加工機能及び物流機能を強化させてきたことが、今回の検討から明らかになった。そして、市場の分荷に関する機能については事例地域ごとの傾向の差異は少なく、いずれにおいても量販店への販売開始を契機として新たな機能を獲得・向上させてきたという特徴が存在していた。

　卸売市場の施設に関しては、地方卸売市場が制度化されて50年近い時間が

143

経過するなかで、その老朽化が問題となっている市場も多いと考えられる。そして、今回検討を行った市場のなかにも施設を全面的に更新したり移転することによって、老朽化した施設の課題を克服した事例が含まれていた。このような市場においては単に施設が新しくなっただけでなく、市場内の物流導線の改善や荷役作業の効率化といった物流機能の向上に伴う労働生産性の向上、保冷・冷蔵施設の拡充による品質管理機能の向上、さらにはパッキング等に係る加工機能の強化等がもたらされていた。さらに市街地から郊外に移転した事例においては、従来は市街地内に卸売市場があることによって生じていた住環境上の課題が移転によって改善されるなど、市場機能以外の部分に関しても効果が発現していた。

さらに検討を行った卸売業者のなかには、主として個人出荷品を対象とする市場ブランドの確立に向けた取り組みを展開するものが含まれていた。この場合、市場ブランドの対象品は前述の規格統一による商品性の向上だけでなく、取り組みの一環として慣行品とは異なる品種や栽培方法の導入による品質上の優位性向上、さらには生産基準の作成や生産履歴の記帳による安全・安心の確立等がもたらされている。そして、このことは青果物の商品性向上や高付加価値化によって、価格面においても反映される結果となっている。

以上が本研究の結果から明らかとなった、卸売業者による取り組みの結果もたらされた地域流通市場における市場機能の強化[2]である。

第3節　地域流通市場の存在意義

本書では都市近郊の地域流通市場について、その集分荷の現状と市場機能の向上について検討を行ってきた。また都市近郊の園芸生産については、その生産環境が経年的に悪化してきたことは既に述べたところである。さらにいうならば、都市近郊の卸売市場のなかでも比較的規模の小さなものについては、集荷において個人出荷者の減少に代表されるような集荷基盤の弱体化のなかで、他市場からの転送等に依存しながら経営を継続させてきたという

終章　地域流通市場の機能強化と存在意義

のが実際のところであろう。そして近年は、都市周辺における農産物直売所の設置や量販店の店舗におけるインショップの拡大など、生産者の出荷方法に関する選択肢も拡大する傾向にあることから、卸売市場の相対的な重要性は低下しつつあるとも考えられる。

しかし、生産者が農産物直売所やインショップに出荷する場合、一般的に出荷品に対して少量多品目であることが要求されることに加えて、都市近郊においては農協共販が必ずしも盛んでないことを踏まえるならば、このような地域に存在する特定品目の生産に特化した専業的な生産者にとって、卸売市場への個人出荷は他に代替する方法がない無二の選択肢といえるものである。それと同時に、歴史的にみても都市近郊は、都市の膨大な消費需要に対する青果物の供給基盤として園芸産地が形成され易い環境にあることから、都市近郊こそ地場流通の拠点となる地域流通市場の存在が必要とされることは明らかである。

一方、都市近郊地域は都市化に伴う人口増を背景に消費需要が拡大しつつあり、このような地域に店舗展開を行う量販店等からみるならば、地域内市場からの調達は輸送距離の短さに基づく経費削減につながることもあって、県外産品や輸入品も含めた青果物の重要な調達先として活用されている。それに加えて、店舗周辺に所在する地域流通市場から青果物を調達することによって、消費者からの要望が強い高鮮度の地場産野菜を豊富に調達できるのであれば、量販店にとっては消費者に対する店舗の魅力や訴求力の向上につながることを意味している。このため、生産者サイド及び小売業者サイドの双方から、都市近郊に地域流通市場が存在することの意義が大きいことは明白であろう。

以上、本書において検討を行ってきたように、都市近郊に地域の青果物流通拠点となる地域流通市場の存在が不可欠であるとするならば、その次の段階として、行政や農業団体レベルにおける施策展開の方向性として、地域農業の継続とともに地域流通市場の将来的な存続に向けた対策の検討、及びその実施が求められよう。それと併せて、地域流通市場においても本書で検討

を加えた各種機能の強化に留まらず、個人を含む出荷者からの集荷機能や物流機能、鮮度保持機能、加工機能、さらには各種量販店対応力の強化など、多方面にわたる市場機能の強化に向けた取り組みの展開が求められるところである。

注
1) 個人出荷者の出荷経費の削減とは、巡回集荷を利用した場合に卸売業者に支払う集荷料が、出荷者が自身で市場に搬入する場合に必要となるトラックの購入・維持費及び燃料費等よりも高額であった場合に実現できるものである。
2) 本研究においては市場の品揃機能に関する検討は行えなかったが、卸売業者が量販店対応を深化させていくなかで必然的に品揃えが求められることは間違いのないところであろう。このため、調査対象卸売業者においても市場周辺の園芸生産が衰退していくなかで、転送集荷等を拡大させながら品揃えに対応してきたものと考えられる。

あとがき

　本書は2015年7月から2017年3月に実施したヒアリング調査の結果に基づいて取りまとめたものであるが、章別にその初出をみるならば、以下に示すように2本の論文と1回の学会報告からなっている。ただし、単著とするにあたっては、いずれも新たに書き下ろすに等しいまでの加筆・修正を加えている。

　　第1章：論文「A Study on Strengthening of Market Functions of Local Distribution Markets in Eastern Shizuoka」『フードシステム研究』23（3）、pp.265-270、2016年。
　　第2章：論文「大都市近郊の地域流通市場における市場機能強化に関する研究―神奈川県湘南地域等を事例として―」『農業市場研究』26（2）、pp.33-39、2017年。
　　第3章：学会報告「大規模青果物地方卸売市場の市場施設更新に関する一考察」日本農業市場学会2017年度大会個別報告。

　私事で恐縮だが、この間の私を取り巻く状況について述べるならば、私は2016年3月末をもって17年近く在籍した（一社）農協流通研究所を退職し、同年4月より現職に就くことになった。このため、本書に係る調査についても第1章と第2章は前職在職中に実施しているが、第3章については現職着任後のものである。また、調査の実施手法についても現職に移ってから暫くの間は、休日や年休を利用しながら自己資金で行うという従来の手法を改められなかったことから、本書第3章で検討した東京都多摩地方等の市場についても同様の方法により訪問している。この意味において、本書は私のシンクタンク在籍時における研究の最後尾に位置するものといえる。

そして、2016年4月には縁あって現職に転じることになり、それまで「趣味」とせざるを得なかった研究を「業務」として行えるという恵まれた環境を得ることになった。また、それを契機として2017年度以降は新たに設定したテーマの下で調査を実施していたことから、2004年から16年間にわたって手がけてきた都市近郊の青果物流通に関する研究は中途半端ながらも収束し、本書の出版も一時は見合わせる心づもりでいた。しかし、研究成果は著書という形で残さない限り後世に伝わり難いとの判断から、遅まきながら取りまとめることにした。本書により、2010年代の都市近郊における地域流通市場の姿が誤りなく記録されることになれば幸甚である。そして上記の経緯からも明らかなように、本書は都市近郊の青果物流通を分析対象とするという意味において、旧著である『大都市近郊の青果物流通』及び『変容する青果物産地集荷市場』と併せて三部作ともいうべきものとなっている。

　また、本書は研究書としての体裁を取るだけでなく、前述のように記録を残すという観点から報告書的な内容も含めている。具体的には、研究課題からは多少逸脱することになったとしても記録すべきと判断した情報は文章として記述を行った。このため、内容的に冗長かつ煩雑とも取られかねない記述も散見されるが、この点については本書の目的を踏まえてご容赦頂きたい。

　本書の出版にあたっては、出版を取り巻く状況が厳しいなかにも関わらず（株）筑波書房の鶴見治彦社長にお引き受け頂いた。調査計画の検討に関しては、静岡県、神奈川県及び東京都の卸売市場担当部局から資料をご提供頂くとともにご意見を賜った。調査の実施に際しては、市場卸売業者にはご多忙中にも関わらず訪問を受け入れて頂いた。ここで、改めてすべての関係者に御礼申し上げたい。

　最後になるが、私はこれまで共同研究や共著執筆に関わることを極力避けるだけでなく、調査の実施から成果の取りまとめまでの全工程を自分自身の手で行うことによって、研究を独りで完結することに意義を見いだしてきた。このようなあり方が時代に逆行していることは認めざるを得ないが、私の個人的な資質により他の選択肢はあり得なかったというのが実際のところであ

あとがき

る。そして、これからも意味なく群れず、流行のテーマを追うことなく、方外を旅する一書生として、無心に研究生活を送っていきたいと考える次第である。

2019年4月30日

信州浅間温泉にて
木村彰利

著者略歴

木村彰利（きむら　あきとし）

所属：日本獣医生命科学大学 応用生命科学部 食品経済学教室 准教授

経歴
1965年7月　大阪市東淀川区に生まれる
1990年3月　信州大学農学部園芸農学科卒業
1990年4月〜1999年10月　長野県職員（農業改良普及員）、宇都宮大学大学院農学研究科（修士課程）、（社）食品需給研究センター（研究員）、大阪府立大学大学院農学研究科（博士課程）、黒瀬町職員（町史編さん専門員）等
1999年11月〜2016年3月　（一社）農協流通研究所（主幹研究員等）
2016年4月〜　現職

大都市近郊地域流通市場の機能強化

2019年6月26日　第1版第1刷発行

著　者　木村彰利
発行者　鶴見治彦
発行所　筑波書房
　　　　東京都新宿区神楽坂2-19 銀鈴会館
　　　　〒162-0825
　　　　電話03（3267）8599
　　　　郵便振替00150-3-39715
　　　　http://www.tsukuba-shobo.co.jp

定価は表紙に表示してあります

印刷／製本　平河工業社
©Akitoshi Kimura 2019 Printed in Japan
ISBN978-4-8119-0556-3 C3061

目次

悪夢のジャック　5

ふたりの提督　35

煙をあげる脚　55

悪い土地　77

時限信管　95

永代保有　121

ブレナーの息子　177

死者の饗宴　205

解説　横山茂雄　305

DALKEY ARCHIVE

THE FEASTING DEAD
JOHN METCALFE

死者の饗宴
ジョン・メトカーフ
横山茂雄・北川依子 訳

国書刊行会